高等学校计算机类课程应用型人才培养规划教材

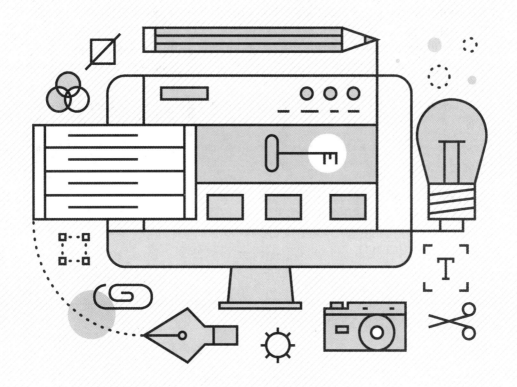

数据结构导学
与上机指导

李晓霞　编著

U0316614

中国铁道出版社有限公司
CHINA RAILWAY PUBLISHING HOUSE CO., LTD.

内 容 简 介

本书根据"数据结构"课程的实际教学情况,将各章的知识要点进行归纳和总结,对难以理解的问题进行讲解和指导,对涉及重要知识点的典型题目进行分析和解答,帮助读者理解数据结构的内容,掌握各种数据结构的表示方法及应用实现。为了提高学生的实践技能,编写了上机实验题目,希望对学生的上机实践起到一定的指导作用。本书按章节顺序,分为10章,每章按4个模块编写:重点内容概要、常见题型及典型题精解、学习效果测试、上机实验题目及参考代码。

本书适合作为高等院校计算机类专业学生的教学用书,也可作为自学计算机编程者的参考用书。

图书在版编目(CIP)数据

数据结构导学与上机指导/李晓霞编著.—北京:
中国铁道出版社有限公司,2019.8(2021.1重印)
高等学校计算机类课程应用型人才培养规划教材
ISBN 978-7-113-26103-0

Ⅰ.①数… Ⅱ.①李… Ⅲ.①数据结构-高等学校-
教学参考资料 Ⅳ.①TP311.12

中国版本图书馆CIP数据核字(2019)第159084号

书　　名:数据结构导学与上机指导	
作　　者:李晓霞	

策　　划:潘晨曦	编辑部电话:(010)51873628
责任编辑:汪　敏　卢　笛	
封面设计:刘　颖	
责任校对:张玉华	
责任印制:樊启鹏	

出版发行:中国铁道出版社有限公司(100054,北京市西城区右安门西街8号)
网　　址:http://www.tdpress.com/51eds/
印　　刷:三河市航远印刷有限公司
版　　次:2019年8月第1版　2021年1月第2次印刷
开　　本:787 mm×1 092 mm　1/16　印张:13　字数:287 千
书　　号:ISBN 978-7-113-26103-0
定　　价:36.00 元

前　言

　　"数据结构"课程是理工科院校计算机类相关专业必修的一门专业核心基础课,对初学者来说是比较困难、比较抽象的一门课程。

　　本书根据"数据结构"课程的实际教学情况,在内容上力图具有一定的先进性和较强的适应性。遵循这一原则,在编写时着重讲述原理、概念和实例,将各章的知识要点进行归纳和总结;对难以理解的问题进行讲解和指导,对涉及重要知识点的典型题目进行分析和解答,帮助读者理解数据结构的内容,掌握各种数据结构的表示方法及应用实现。为了提高学生的实践技能,编写了上机实验题,希望对学生的上机实践起到一定的指导作用。

　　本书共分 10 章,每章按 4 个模块编写:

　　一、重点内容概要。这部分列出了每章的基本概念、基本术语、数据结构的存储描述、算法及算法分析。

　　二、常见题型及典型题精解。根据本科课程考试和考研要求,总结每章的考点,精选出常见及典型题目,进行详细分析解答。

　　三、学习效果测试。这部分是为读者检查学习效果和应试能力而设计的,通过练习,读者可以进一步加深对所学内容的理解,增强解题能力。

　　四、上机实验题及参考代码。这部分给出典型的上机实验题的设计算法,在实验题的设计中,采用结构化编程方法,体现了数据结构中数据组织和数据处理的思想。

　　本书从指导课程教学和考试的角度,通过大量涉及内容广、常见及经典的题型提供算法的思想,并对算法进行分析,提供了"数据结构"的解题方法、解题规律和解题技巧。这对提高读者分析问题的能力,理解基本要领和理论,开拓解题思路,会起到良好的效果。对于学习效果测试题,希望读者在学习过程中独立思考,自己动手解题。

　　本书受"河西学院 2015 年教材建设项目"资助出版,项目编号:HXXYJC-2015-04。

　　在本书的编写过程中,王玉明院长、赵柱处长、吴建军院长及祁昌平老师对本书的编写提出许多宝贵意见,在此表示衷心的感谢。

　　由于时间仓促,编者水平有限,书中疏漏与不妥之处在所难免,恳请读者批评指正。

编　者

2019 年 6 月

目　录

第1章

绪　　论 〈〈〈

【重点】
- 数据结构的基本概念。
- 数据的逻辑结构、存储结构以及两者之间的关系。
- 算法时间复杂度分析。

【难点】
- 抽象数据类型的定义和使用。
- 算法的时间复杂度分析。

1.1　重点内容概要

1.1.1　基本概念和术语

1. 数据

数据是对客观事物的符号表示，在计算机科学中，把计算机程序所处理的一切数值的、非数值的信息，乃至程序统称为数据。例如：数值、字符是数据，声音、图像也是数据，因为它们都可以按照一定的形式输入计算机，并由计算机程序进行处理。可见，对计算机科学而言，数据的含义极为广泛。

2. 数据元素

数据元素是组成数据的基本单位，在有些情况下又称为结点、记录等。在计算机程序中通常作为一个整体进行考虑和处理。一个数据元素可由若干个数据项组成。数据项是数据的不可再分的最小单位，有时又称为域、字段。例如：对于数组而言，每一个分量就是它的一个数据元素。

3. 数据项

数据项是数据的不可分割的最小单位。

4. 数据对象

数据对象是性质相同的数据元素的集合，是数据的一个子集。

5. 数据结构

数据结构是研究数据元素之间抽象化的相互关系和这种关系在计算机中的存储表示，前者称为数据的逻辑结构，后者称为数据的物理结构，并对结构定义相关的运算，设计相应的算法，确保运算后仍然是原来的结构类型。也可以这样定义数据结构：数据结构是相互之间存在一种或多种特定关系的数据元素的集合。在任何问题中，数据元素都不会是孤立的，它们之间都存在这样或那样的关系，这种数据元素之间的关系称为结构。数据结构包括三方面的内容：数据的逻辑结构、数据的存储结构和数据的运算。

6. 数据的逻辑结构

数据的逻辑结构是指数据元素之间的逻辑关系，可以看作是从具体问题抽象出来的数学模型，即从逻辑关系上描述数据。它与数据的存储无关，是独立于计算机的。

通常有下列四种基本结构：

（1）集合：结构中的数据元素之间除了"同属于一个集合"的关系外，无其他关系。

（2）线性结构：结构中的数据元素之间存在一对一的关系。若结构是非空集，则有且仅有一个开始结点和一个终端结点，并且除开始结点无直接前驱和终端结点无直接后继外，其他所有结点都只有一个直接前驱和一个直接后继。

（3）树状结构：结构中的数据元素之间存在一对多的关系。若结构是非空集，则除第一个结点外，其他所有结点都只有一个直接前驱，除叶子结点外，其他所有结点可能有多个直接后继。

（4）图状结构或者网状结构：结构中的数据元素之间存在多对多关系。若结构是非空集，所有结点都可能有多个直接前驱和多个直接后继。

7. 数据的存储结构

数据的存储结构是指数据元素及其关系在计算机存储器内的表示（又称映像）。数据的存储结构是逻辑结构用计算机语言实现的，它依赖于计算机语言。

通常有下列两种存储映像方法：

（1）顺序存储方法：该方法是把逻辑上相邻的结点存储在物理位置上相邻的存储单元里，结点间的逻辑关系由存储单元的邻接关系来体现，由此得到的存储结构称为顺序存储结构。通常，顺序存储结构是借助于程序语言的数组来描述的。

（2）链接存储方法：该方法不要求逻辑上相邻的结点在物理位置上也相邻，结点间的逻辑关系是由附加的指针字段表示的，由此得到的存储表示称为链式存储结构，通常要借助于程序语言的指针类型来描述它。

8. 数据的运算

数据的运算是在数据的逻辑结构上定义的操作算法，如插入、删除、更新和排序等。

1.1.2 算法和算法分析

1. 算法

算法是对特定问题求解步骤的一种描述，它是指令的有限序列，其中每条指令表示一个或多个操作。

算法有以下5个主要特征：

（1）有穷性：一个算法必须总是（对任何合法的输入）在执行有穷步之后结束，

即必须在有限时间内完成。

（2）确定性：算法中每一条指令必须有确切的含义，确保无二义性。

（3）可行性：算法中的每一步都可以通过已经实现的基本运算的有限次执行得以实现。

（4）输入：一个算法有零个或多个输入，这些输入取自特定的数据对象集合。

（5）输出：一个算法有一个或多个输出，这些输出与输入之间存在某种特定的关系。

2．算法效率的度量

（1）时间复杂度：一个语句的频度是指该语句在算法中被重复执行的次数。算法中所有语句的频度之和记作 $T(n)$，它是该算法所求解问题规模 n 的函数。当问题的规模趋向无穷大时，$T(n)$ 的数量级称为渐近时间复杂度，简称为时间复杂度，记作 $T(n)=O(f(n))$。

算法的时间复杂度不仅仅依赖于问题的规模，也取决于输入实例的初始状态：一个问题的输入实例是由满足问题陈述中所给出的限制和为计算该问题的解所需要的所有输入构成的。

最坏时间复杂度是指在最坏的情况下算法的时间复杂度。

平均时间复杂度是指所有可能的输入实例均以等概率出现的情况下，算法的期望运行时间。

上述表达式中"O"的含义是 $T(n)$ 的数量级，其严格的数学定义是：若 $T(n)$ 和 $f(n)$ 是定义在正整数集合上的两个函数，则存在正的常数 C 和 n_0，使得当 $n \geqslant n_0$，时，都满足 $0 \leqslant T(n) \leqslant C \times f(n)$。

一般总是考虑在最坏的情况下的时间复杂度，以保证算法的运行时间不会比它更长。

（2）空间复杂度：算法的空间复杂度 $S(n)$，定义为该算法所耗费的存储空间，它是问题规模 n 的函数。渐进空间复杂度简称为空间复杂度，记作 $S(n)=O(f(n))$。

1.2 常见题型及典型题精解

例 1.1 逻辑结构和存储结构之间的关系。

【例题解答】对于已经建立的逻辑结构是设计人员根据解题需要选定的数据组织形式，因此建立的机器内表示应遵循选定的逻辑结构，所建立数据的机器内表示称为数据存储结构。

例 1.2 常用的存储表示方法有哪几种？

【例题解答】常用的存储表示方法有 4 种：

（1）顺序存储方法：它是把逻辑上相邻的结点存储在物理位置相邻的存储单元里，结点的逻辑关系由存储单元的邻接关系来体现，由此得到的存储结构称为顺序存储结构。

（2）链式存储方法：它不要求逻辑上相邻的结点在物理位置上亦相邻，结点之间的逻辑关系是由附加的指针字段表示的。由此得到的存储结构称为链式存储结构。

（3）索引存储方法：除建立存储结点信息外，还建立附加的索引表来标识结点的地址。

（4）散列存储方法：根据结点的关键字直接计算出该结点的存储地址。

例 1.3 设有数据逻辑结构为 line=(D,R)。其中，D={01,02,03,04,05,06,07,08,09,10}；R={r}；r={<05,01>,<01,03>,<03,08>,<08,02>,<02,07>,<07,04>,<04,06>,<06,09>,<09,10>}。试分析该数据结构属于哪种逻辑结构。

【例题解答】 对应的图形如图 1.1 所示。

图 1.1　数据的线性结构示意图

在 line 中，每个数据元素有且仅有一个直接前驱元素（除结构中第一个元素 05 外），有且仅有一个直接后继元素(除结构中最后一个元素 10 外)。这种数据结构的特点是数据元素之间的 1 对 1（1:1）关系，即线性关系，因此本题所给定的数据结构为线性结构。

例 1.4 设有数据逻辑结构为 tree=(D,R)。其中，D={01,02,03,04,05,06,07,08,09,10}；R={r}；r={<01,02>,<01,03>,<01,04>,<02,05>,<02,06>,<03,07>,<03,08>,<03,09>,<04,10>}。试分析该数据结构属于哪种逻辑结构。

【例题解答】 对应的图形如图 1.2 所示。

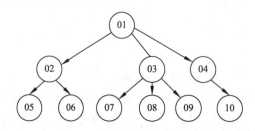

图 1.2　数据的树状结构示意图

图 1.2 像倒着画的一棵树，在这棵树中，最上面的结点没有前驱只有后继，称为树根结点，最下面一层的结点只有前驱没有后继，称为树叶结点。在一棵树中，每个结点有且只有一个前驱结点（除树根结点外），但可以有任意多个后继结点（树叶结点可看作具有 0 个后继结点）。这种数据结构的特点是数据元素之间的 1 对 N(1:N) 关系($N \geqslant 0$)，即层次关系，因此本题所给定的数据结构为树状结构。

例 1.5 设有数据逻辑结构为 graph=(D,R)。其中，D={01,02,03,04,05,06,07}；R={r}；r={<01,02>,<02,01>,<01,04>,<04,01>,<02,03>,<03,02>,<02,06>,<06,02>,<02,07>,<07,02>,<03,07>,<07,03>,<04,06>,<06,04>,<05,07>,<07,05>}。试分析该数据结构属于哪种逻辑结构。

【例题解答】 对应的图形如图 1.3 所示。

从图 1.3 可以看出，r 是 D 上的对称关系，为了简化起见，把<x,y>和<y,x>这两个对称序偶用一个无序对(x,y)或(y,x)来代替；在图形表示中，把 x 结点和 y 结点之间两条相反的有向边用一条无向边来代替。这样 r 关系可改写为：

r={(01,02)，(01,04)，(02,03)，(02,06)，(02,07)，(03,07)，(04,06)，(05,07)}

对应的图形如图 1.4 所示。

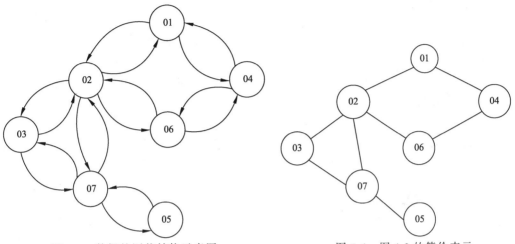

图 1.3　数据的图状结构示意图　　　　图 1.4　图 1.3 的等价表示

从图 1.3 或图 1.4 可以看出，结点之间的联系是 M 对 N(M: N)联系($M \geq 0$, $N \geq 0$)，即网状关系。也就是说，每个结点可以有多个前驱结点和多个后继结点。因此本题所给定的数据结构为图状结构。

例 1.6　设 n 为整数，指出下列各算法的时间复杂度。

```
第1段: void prime(int n)          // n 为一个正整数
       {  int i=2;
          while((n%i)!=0&&i*1.0<sqrt(n))
          i++;
          if(i*1.0>sqrt(n))
              printf("%d是个素数\n",n);
          else
              printf("%d不是一个素数\n",n);
       }
第2段: sum1(int n)                // n 为一个正整数
       {  int p=1,sum=0,i:
          for(i=1;i<=n;i++)
          {p*=i;
           sum+=p;
          }
       }
第3段: sum2(int n)                // n 为一个正整数
       {  int sum=0,i,j;
          for(i=1;i<=n;i++)
          {p=1;
           for(j=1;j<=i;j++)
             p*=j;
             sum+=p;
          }
```

```
        return sum;
    }
```

【例题解答】

（1）第 1 段代码算法的时间复杂度是由嵌套最深层语句的执行次数决定的。prime 算法的嵌套最深层语句为：

```
    i++;
```

它的执行次数由条件(n%i)!=0&&i*1.0<sqrt(n)决定，显然执行次数小于 sqrt(n)，所以 prime 算法的时间复杂度是 $O(n^{1/2})$。

（2）第 2 段代码算法的时间复杂度是由嵌套最深层语句的执行次数决定的。sum1 算法的嵌套最深层语句为：

```
    P*=i;
    Sum+=p;
```

它的执行次数为 n 次，所以 sum1 算法的时间复杂度是 $O(n)$。

（3）第 3 段代码算法的时间复杂度是由嵌套最深层语句的执行次数决定的。sum2 算法的嵌套最深层语句为：

```
    P*=j;
```

它的执行次数为 1+2+3+…+n-$n(n+1)$／2 次，所以 sum2 算法的时间复杂度是 $O(n^2)$。

1.3　学习效果测试

1. 单项选择题

（1）下面程序段的时间复杂性的量级为（　　　　）。

```
for(i=1;i<=n;i++)
for(j=1;j<=i;j++)
    for(k=1;k<=j;k++)
        x=x+1;
```

  A. $O(1)$　　　　　B. $O(n)$　　　　　C. $O(n^2)$　　　　　D. $O(n^3)$

（2）数据结构是一门研究非数值计算的程序设计问题中计算机的（①）以及它们之间的（②）和运算等的学科。

  ①A. 数据元素　　　B. 计算方法　　　C. 逻辑存储　　　D. 数据映像

  ②A. 结构　　　　　B. 关系　　　　　C. 运算　　　　　D. 算法

（3）在数据结构中，从逻辑上可以把数据结构分成（　　　　）。

  A. 动态结构和静态结构　　　　　　　　B. 紧凑结构和非紧凑结构

  C. 线性结构和非线性结构　　　　　　　　D. 内部结构和外部结构

（4）数据的（　　　　）包括集合、线性、树状和图状结构四种基本类型。

  A. 存储结构　　　　B. 逻辑结构　　　　C. 基本运算　　　　D. 算法描述

（5）数据的（　　　　）包括查找、插入、删除、更新、排序等操作类型。

  A. 存储结构　　　　B. 逻辑结构　　　　C. 基本运算　　　　D. 算法描述

（6）数据的存储结构包括顺序、链式、散列和（　　　　）四种基本类型。

  A. 线性　　　　　　B. 数组　　　　　　C. 集合　　　　　　D. 索引

（7）下面（　　　）的时间复杂性最好，即执行时间最短。

    A. $O(n)$　　　　　　B. $O(\log n)$　　　　　　C. $O(n\log n)$　　　　D. $O(n^2)$

（8）下面程序段的时间复杂性的量级为（　　　）。

```
sum1(int n)
{   int p=1,sum=0,m;
    for(m=1;m<=n;m++)
    {  p*=m;sum+=p;  }
    return (sum) ;
}
```

    A. $O(n^2)$　　　　　　B. $O(\log n)$　　　　　　C. $O(n\log n)$　　　D. $O(n)$

（9）下面程序段的时间复杂性的量级为（　　　）。

```
for(i=0;i<=m;i++)
    for(j=0;j<n;j++)
        a[i][j]=i*j;
```

    A. $O(m^2)$　　　　　　B. $O(n^2)$　　　　　　C. $O(m \times n)$　　D. $O(m+n)$

（10）执行下面程序段时，s语句的执行次数为（　　　）。

```
for(i=1;i<=n-1;i++)
    for(j=i+1;j<=n;j++)
        s;
```

    A. $n(n-1)/2$　　　　B. $n^2/2$　　　　　　C. $n(n+1)/2$　　　　D. n

2．填空题

（1）数据结构是指_____结构和_____结构两种，通常是指_____结构。

（2）数据的存储结构被分为_____、_____、_____和_____四种。

（3）选择合适的存储结构，通常考虑的指标有_____和_____两个因素。

（4）数据结构按结点间的关系，可分为4种逻辑结构，分别是_____、_____、_____和_____。

（5）一种数据结构的元素集合 K 和它的二元关系 R 为：

$K=\{a,b,c,d,e,f,g,h\};R=\{<a,b>,<b,c>,<c,d>,<d,e>,<e,f>,<f,g>,<g,h>,\}$
则该数据结构是_____结构。

（6）数据的逻辑结构是指_____。

（7）算法的5个重要特性是_____、_____、_____、_____和_____。

（8）数据结构在内存存储方式主要有_____和_____两种。

（9）线性结构中元素的关系是_____，树状结构中元素的关系是_____，图形结构中元素的关系是_____。

3．简答题

（1）讨论顺序存储结构和链式存储结构各自的特点、适用范围，并说明在实际应用中如何选取数据的存储结构。

（2）简述下列术语：数据、数据元素、数据项、数据逻辑结构、数据存储结构、数据类型、算法。

（3）设有两个算法在同一机器上运行，其执行时间分别为 $100n^2$ 和 2^n，要使前者快于后者，n 至少要多大？

（4）算法的时间复杂度仅与问题的规模相关吗？

（5）试写算法：从小到大依次输出顺序读入的 3 个整数 x、y 和 z 的值。

（6）分析下面程序段在最坏的情况下的时间复杂度。

```
① for(i=1;i<=n;i++)
     for(j=1;j<=n;j++)
        s++;
② for(i=1;i<=n;i++)
     for(j=i;j<=n;j++)
        s ++;
③ for(i=1;i<=n i++)
     for(j=1;j<=i;j++)
        s++;
④ i=1;k=0;
   while(i<=n-1){
   k+=10*i;
   i++;
   }
```

1.4 上机实验题及参考代码

实验题 1.1 求素数。

设计一个程序，输出所有小于等于 n（n 为一个大于 2 的正整数）的素数。要求：

（1）每行输出 10 个素数。

（2）尽可能采用较优的算法。

对应的程序代码如下：

```c
#include <stdio.h>
#include <math.h>
int prime(int n)
{   int i;
    for(i=2;i<=(int)sqrt(n);i++)
        if(n%i==0)
            return 0;
        return 1;
}
void main()
{   int n,i,j=0;                    //j用于累计素数个数
    printf("n:");
    scanf("%d",&n);
    printf("小于等于%d的素数:\n",n);
    if(n>2)
    {   printf("%4d",2);
        j++;
    }
    for(i=3;i<=n;i+=2)
        if(prime(i))
        {   printf("%4d",i);
            if(j!=0&&j%10==0)       //每行最多显示10个素数
                printf("\n");
        }
    printf("\n");
}
```

对于 prime(n)，其时间复杂度为 $O(\sqrt{n})$，由于偶数不可能是素数，所以程序中只对奇数进行素数的判断。因此，上述程序的时间复杂度很低。

实验题 1.2 求一个正整数的各位数字之和。

编写一个程序，计算任一输入的正整数的各位数字之和，并分析算法的时间复杂度。

对应的程序代码如下：

```c
#include <stdio.h>
int func(int num)
{   int s=0;
    do
    {s+=num%10;
     num/=10;
    } while(num);
    return (s);
}
void main()
{   int n;
    printf("输入一个整数: ");
    scanf("%d",&n);
    printf("各位数字之和:%d\n",func(n));
    printf("\n");
}
```

func(n)的时间复杂度为 $O(\text{len}(n))$，len(n)为正整数 n 的位数。程序的时间复杂度也为 $O(\text{len}(n))$。

实验题 1.3 求一个字符串是否为回文。

编写一个程序，判断一个字符串是否为"回文"（顺读和倒读都一样的字符串称为"回文"），并分析算法的时间复杂度。

对应的程序代码如下：

```c
#include <stdio.h>
#include <string.h>
#define max 100
Bool func(char s[])
{   bool flag=true;
    int i,j,slen=strlen(s);
    for(i=0,j=slen-1;i<j;i++,j--)
        if(s[i]!=s[j])
        { flag=false;
          break;
        }
    return flag;
}
void main()
{   char s[max];
    printf("请输入一个字符串: ");
    scanf("%s",s);
    if(func(s))
        printf("%s 字符串是回文\n",s);
    else
```

```
        printf("%s 字符串不是回文\n",s);
}
```

程序的一次执行结果如下：

请输入一个字符串：abcba；
abcba 字符串是回文

在 func(s)算法中，for 循环语句的执行次数为 $n/2$(n 为字符串 s 的长度)，则它的时间复杂度为 $O(n)$。程序的时间复杂度也为 $O(n)$。

线 性 表 <<<

第 2 章

【重点】

- 顺序存储结构和链式存储结构的基本思想。
- 基于顺序表和单链表的基本操作的实现。
- 基于顺序表和单链表基本操作的时间性能分析。
- 顺序表和单链表之间的比较。

【难点】

- 线性表的抽象数据类型定义。
- 基于单链表的算法设计。
- 双链表操作的实现。

2.1 重点内容概要

2.1.1 线性表

1. 线性表的定义

线性表是一组性质相同的 $n(n \geq 0)$ 个数据元素的有限序列,线性表中元素的个数 n 定义为线性表的长度,当 $n=0$ 时称为空表,用一对空括号表示;当 $n>0$ 时可表示为$(a_1, a_2, \cdots, a_n)$,其中 a_1 称为表头元素,a_n 称为表尾元素,a_{i-1} 称为 $a_i(i \geq 2)$ 的直接前驱,a_{i+1} 称为 $a_i(i \leq n-1)$ 的直接后继。

线性表中的数据元素可以是一个数或一个符号,也可以是一个复杂类型,但同一线性表中的数据元素必须具有相同的特性。

2. 线性表的逻辑结构

线性表的逻辑结构是线性结构,元素之间是 1 对 1 的关系,即除表头元素外,每个元素(结点)有且只有一个直接前驱,除表尾元素外,每个元素有且只有一个直接后继,当表中只有一个元素 a_1 时,它既没有前驱元素又没有后继元素。

3. 线性表的基本运算

线性表的基本操作如下:

(1)求表长:求线性表中数据元素的个数。

(2)读表:从左到右(或从右到左)读线性表,即按 $a_1, a_2, a_3, \cdots, a_n$($a_n, a_{n-1}, \cdots, a_1$)

的次序逐个读取各数据元素的值。

（3）存取：访问线性表的第 i 个数据元素($1 \leqslant i \leqslant n$)，引用或改写该元素的值。

（4）插入：在线性表的第 i 个数据元素之前（或后）插入一个新的数据元素($1 \leqslant i \leqslant n$)，使原来的第 $i,i+1,\cdots,n$ 个数据元素成为第 $i+1,i+2,\cdots,n,n+1$ 个数据元素。

（5）删除：删除线性表中的第 i 个数据元素($1 \leqslant i \leqslant n$)，原来的第 $i+1,i+2,\cdots,n$ 个数据元素成为第 $i,i+1,\cdots,n-1$ 个数据元素。

（6）检索：在线性表中查找具有某个特征值的数据元素。

（7）排序：按某个特征值递增（或递减）的顺序对线性表中的数据元素重新排列。

对一个线性表，同时进行上述所有的运算，在实际应用中是很少的。多数情况下，只要求完成其中的一部分运算。

2.1.2　线性表的顺序表示与实现

1．线性表顺序存储结构（顺序表）

在计算机内，存储线性表的最简单、最自然的方式是把线性表中的数据元素一个接一个地依次存放在一组连续的存储单元中，这种存储方式称为顺序分配。通常，把按顺序分配方式存储的线性表称为顺序存储结构（顺序表）。顺序表的特点是逻辑结构中相邻的结点在存储结构中仍相邻，因此可以进行随机存取。

设已知线性表的第一个数据元素 a_1 的存储位置，且线性表中每个数据元素需占用 C 个存储单元，并以所占的第一个单元的存储地址作为数据元素的存储位置，则线性表中第 i 个数据元素的存储位置为：

$$\text{LOC}(a_i)=\text{LOC}(a_1)+(i-1)\times C \qquad (1 \leqslant i \leqslant n)$$

线性表在计算机内的这种存储状态称为线性表的顺序存储结构。由公式可见，线性表中每个元素的存储地址都和线性表的起始地址相差一个与元素在表中所处位置的序号成正比的常数。因此，只要确定了存储线性表的起始地址，表中每个元素的存储地址都可由地址计算公式计算得到，从而可以随机地访问线性表中的任意数据元素。线性表的顺序存储结构是一种随机存取的存储结构。

所有的高级语言都定义有一维数组，并且在计算机内的存储方式也是顺序分配。因此，在用高级语言编写程序时，就可以用一维数组来实现线性表的顺序分配。应该指出，一维数组和线性表是有区别的，前者大小固定，后者长度可变。在用一维数组表示线性表时，数组的大小根据线性表可能的最大长度来确定。

2．基本运算在顺序表上的实现

由于 C 语言中数组的下标是从 0 开始的，因此，在逻辑上所指的"第 k 个位置"实际上对应的是顺序表的"第 $k-1$ 个位置"。在顺序表上实现线性表基本运算的函数如下：

（1）初始化线性表 L。

```
int InitList(SQ_LIST &L)
{
  L->item=(EntryType*)malloc (LIST_MAX_LENGTH *sizeof(EntryType));
                                        //分配空间
  if(L->item==NULL)  return ERROR;        // 若分配空间不成功,返回 ERROR
```

```
    L->length=0;                        //将当前线性表长度设置为 0
    return OK;                          //成功返回 OK
}
```

（2）销毁线性表 L。

```
void DestroyList(SQ_LIST &L)
{
    if(L->item) free(L->item);          // 释放线性表占据的所有存储空间
}
```

（3）清空线性表 L。

```
void ClearList(SQ_LIST &L)
{
    L->length=0;                        // 将线性表的长度设置为 0
}
```

（4）求线性表 L 的长度。

```
int GetLength(SQ_LIST L)
{
    return(L.length);
}
```

（5）判断线性表 L 是否为空。

```
int IsEmpty(SQ_LIST L)
{
    if(L.length==0) return TRUE;
        else return FALSE;
}
```

（6）获取线性表 L 中的某个数据元素的内容。

```
int GetElem(SQ_LIST L,int i,EntryType &e)
{
    if(i<1||i>L.length) return ERROR;
                    // 判断 i 值是否合理，若不合理，返回 ERROR
    e=L.item[i-1];      //数组中第 i-1 的单元存储着线性表中第 i 个数据元素的内容
    return OK;
}
```

（7）在线性表 L 中检索值为 e 的数据元素。

```
int LocateELem(SQ_LIST L,EntryType e)
{
    for(i=0;i<L.length;i++)
        if(L.item[i]==e) return i+1;
    return 0;
}
```

（8）在线性表 L 中第 i 个数据元素之前插入数据元素 e。

```
int ListInsert(SQ_LIST &L,int i,EntryType e)
{   //检查是否有剩余空间
    if(L->length==LIST_MAX_LENGTH) return ERROR;
    if(i<1||i>L-> length+1) return ERROR; //i 值是否合理
    for(j=L->length-1;j>=i-1;i++) // 将线性表第 i 个元素之后的所有元素向后移动
        L->item[j+1]=L->item[j];
        L->item[i-1]=e;             // 将新元素的内容放入线性表的第 i 个位置
        L->length++;
    return OK;
}
```

（9）将线性表 L 中第 i 个数据元素删除。

```
int ListDelete(SQ_LIST &L,int i,EntryType &e)
{
  if(IsEmpty(L)) return ERROR;          // 检测线性表是否为空
  if(i<1||i>L->length) return ERROR;   // 检查 i 值是否合理
  e=L->item[i-1];            // 将欲删除的数据元素内容保留在 e 所指示的存储单元中
  for(j=i;j<=L->length-1;j++) //将线性表第 i+1 个元素之后的所有元素向前移动
    L->item[j-1]=L->item[j];
    L->length--;
  return OK;
}
```

3. 插入或删除算法分析

顺序表在插入和删除一个元素时，时间主要花费在数据元素的移动上。在插入和删除时，数据元素的移动量不仅与插入和删除的位置有关，而且还与具体位置上插入和删除的概率有关。

在长度为 n 的线性表中第 i 个位置上插入一个元素时，需移动元素的个数为 $n-i+1$，假设在表的每个位置上插入元素的概率 p_i 是相等的，即：

$$p_i=1/(n+1)$$

则插入时，所需移动元素次数的期望值（平均次数）为：

$$E_{is} = \sum_{i=1}^{n+1} p_i(n-i+1) = n/2$$

当在长度为 n 的表中第 i 个位置上进行删除时，需要移动元素的个数为 $n-i$，假设在表的每个位置上删除元素的概率 q_i 是相等的，即：

$$q_i=1/n$$

则删除时，所需移动元素次数的期望值（平均次数）为：

$$E_{dl} = \sum_{i=1}^{n} q_i(n-i) = (n-1)/2$$

所以，平均来说，对顺序分配的线性表，插入一个元素或删除一个元素，大约需要移动表中一半的元素。若表较大（即 n 比较大），且经常要求插入和删除，则将很费时间。不过，顺序分配的结构简单，易于实现，又便于随机存取，因此，一般适用于表不大且插入和删除不频繁的情况。

2.1.3 线性表的链式表示与实现

1. 线性表链式存储结构（线性链表）

线性表的链式存储方式是一种非顺序存储结构，它和顺序表不同。线性表的链式存储结构是用一组任意的存储单元来存放数据元素,这组存储单元可以是连续的，也可以是不连续的。它不要求逻辑上相邻的元素在物理位置上也相邻，数据元素之间的逻辑关系用指针（Pointer）来体现。因此，对于线性表中的每个数据元素，除了要存储自身的值以外，还需要存储一个指示其直接后继元素存放位置的指针（又称链，即另一个元素的存储地址）。把这个存储数据元素自身的值和别的数据元素存储地址的整体称为结点（Node）。一个结点对应线性表中的一个数据元素，或者说结点是数据元素在机器内的存储映像。在结点中，用来存放数据元素自身值的部分称为数据域或值域；用来存放别的数据元素存储地址的部分称为指针域或链域。结点的结构如下：

data	next

其中，data 为数据域，用于存储数据元素信息；next 为指针域，用于存储直接后继存储位置。结点借助指针可以连接成链，把由指针连接起来的结点序列称为链表。

这种由 n 个结点连接起来，且每个结点只包含一个指针域的链表称为线性链表或单链表。

单链表的类型定义如下：

```
typedef struct  Lnode{
    ElemType data;
    struct  Lnode *next:
}NODE, *LinkList;
```

单链表的头指针：假设 L 是 LinkList 型的变量，则 L 为单链表的头指针，它指向表中第一个结点。

头结点：单链表的第一个结点之前附设的一个结点。访问链表中任何结点都必须从链表的表头开始。

空表：由于线性表的最后一个元素没有后继，故对应的线性表的最后一个结点的指针域不指向任何地方，应将其设置为空，常用 NULL 或符号"∧"表示。若 L 为"空"(L=NULL)，则所表示的线性表为"空"表，其长度 n 为"零"。

带头结点的单链表 L 为空的判定条件为：

$$L->next==NULL$$

2．基本运算在链表上的实现

在单链表上实现线性表基本运算的函数如下：

（1）初始化链表 L。

```
int InitList(NODE *L)
{
  L->head=(*NODE)malloc(sizeof(NODE));        // 为头结点分配存储单元
  if(L->head)
  { L->head->next=NULL;
    return OK;
  }
  else
    return ERROR ;
}
```

（2）求链表 L 的长度。

```
int ListLength(NODE *L)
{
  NODE *p;
  int len;
  for(p=L.head,len=0;p->next==NULL;p=p->next,len++);
  return(len);
}
```

（3）通过 e 返回链表 L 中第 i 个数据元素的内容。

```
void GetElem((NODE *L,int i,anytype e)
{
  NODE *p;
  int j;
  if(i<1||i>ListLength(L)) exit ERROR;           // 检测 i 值的合理性
  for(p=L.head,j=0; j!=i;p=p->next,j++);          // 找到第 i 个结点
  e=p->item;              // 将第 i 个结点的内容赋给 e 指针所指向的存储单元中
}
```

（4）返回链表 L 中结点 e 的直接前驱结点。

```
NODE *PriorElem(LinkList L,NODE *e)
{
  NODE *p;
  if(L.head->next==e) return NULL;           // 检测第一个结点
  for(p=L.head;p->next&&p->next!=e;p=p->next);
  if(p->next==e)        return p;
    else                return NULL;
}
```

（5）返回链表 L 中结点 e 的直接后继结点。

```
NODE *NextElem(LinkList L,NODE * e)
{
  NODE *p;
  for(p=L.head->next;p&&p!=e;p=p->next);
  if(p)     p=p->next;
  return p;
}
```

（6）在链表 L 中第 i 个数据元素之前插入数据元素 e。

```
int ListInsert(NODE *L,anytype e)
{
  NODE *p,*s;
  int j;
  if(i<1||i>ListLength(L)+1)        return ERROR;
  s=(NODE*)malloc(sizeof(NODE));
  if(s==NULL)  return ERROR;
  s->data=e;
  for(p=L->head,j=0;p&&j<i-1;p=p->next,j++);
```

（7）将链表 L 中第 i 个数据元素删除，并将其内容保存在 e 中。

```
int ListDelete(LinkList L,int i,anyType e)
{
  NODE *p*s;
  int j;
  if(i<1||i>ListLength(L)) return ERROR;           // 检查 i 值的合理性
  for(p=L->head,j=0;j<i-1;p=p->next,j++);           // 寻找第 i-1 个结点
  s=p->next;                                        // 用 s 指向将要删除的结点
  e=s->data;
  p->next=s->next;                                  // 删除 s 指针所指向的结点
  free(s);
  return OK;
}
```

3. 循环链表

循环链表是线性链表的一种变形。它的特点是表中最后一个结点的指针域指向头

结点，整个链表形成一个闭合回路。由此，从表中任一结点出发均可找到表中其他结点，循环链表可有单链的循环链表，也可以有多重链的循环链表。

循环链表的操作和线性链表基本一致，差别仅在于算法中的循环条件不是 p 或 p->next 是否为空，而是它们是否等于头指针。

假设 L 为循环单链表的头指针，则循环单链表为空表的判定条件为：

$$L->next=L$$

若把循环链表的表头指针改用尾指针代替，则从尾指针出发，不仅可以立即访问最后一个结点，而且也可十分方便地找到第一个结点。

4．双向链表

双向链表中的每个结点有两个指针域：一个指向直接后继向后连接；另一个指向直接前驱向前连接，因此，一个结点至少有三个域，即数据域（Data）、左指针域（Llink）和右指针域（Rlink）。

双向链表的类型定义如下：

```
typedef struot dlnode{
  ElemType data;
  struct dlnode *llink, *rlink;
}dlnode, *DLinkList;
```

和单链的循环表类似，双向链表也可将其头结点和尾结点连接起来构成双向循环链表。链表中存在两个环。

5．顺序表和链表的比较

顺序表和链表的比较如下：

顺序表有如下三个优点：

（1）方法简单，各种高级语言中都有数组，容易实现。

（2）不用为表示结点间的逻辑关系而增加额外的存储开销。

（3）顺序表具有按元素序号随机访问的特点。

顺序表有以下两个缺点：

（1）在顺序表中进行插入、删除操作时，平均移动大约表中一半的元素，因此对数据元素个数较多的顺序表来说效率很低。

（2）需要预先分配足够大的存储空间。预先分配过大，可能会导致顺序表后部大量闲置；预先分配过小，又会造成溢出。

链表的优缺点恰好与顺序表相反。

在实际中该怎样选取存储结构需要考虑如下几点：

（1）基于存储的考虑：顺序表的存储空间是静态分配的，在程序执行之前必须明确规定它的存储规模。对线性表的长度或存储规模难以估计时，不宜采用顺序表。链表不用事先估计存储规模，但链表的存储密度较低，存储密度是指一个结点中数据元素所占的存储单元和整个结点所占的存储单元之比。顺序表是静态分配的，其存储密度为 1，而链表是动态分配的，其存储密度小于 1。

（2）基于时间和运算的考虑：顺序表是采用数组实现的，是一种随机存取结构，即对表中任一结点都可在 0(1)内直接存取，适宜于静态查找，而要进行插入和删除操作时，则需移动大量结点。

链表不是一种随机存取结构，查找某个结点时，需从头指针开始沿链表扫描才能取得，所以不宜做查找；但插入和删除操作都只需修改指针，所以链表宜做这种动态的插入和删除操作。

（3）基于环境的考虑：顺序表容易实现，任何高级语言中都有数组类型，链表的操作是基于指针的。相对来讲，前者简单些，这也是用户考虑的一个因素。

总之，两种存储结构各有优缺点，选择哪一种存储结构由实际问题中的主要因素决定。通常"较稳定"的线性表选择顺序存储，而频繁做插入、删除操作等"动态性"较强的线性表宜选择链式存储。

2.2 常见题型及典型题精解

例 2.1 对于线性表的两种存储结构，如果有 n 个线性表同时并存，并且在处理过程中各表的长度会动态发生变化，线性表的总数也会自动改变，在此情况下，应该选用哪种存储结构？为什么？

【例题解答】应该选用线性表的链式存储结构。因为链式存储结构是用一组任意的存储单元存储线性表中的元素（存储单元可以是连续的，也可以是不连续的），这种存储结构对于元素的插入或删除运算，不需要移动元素，只需要修改指针，所以很容易实现表的容量的扩充。

例 2.2 在顺序表中插入和删除一个结点需平均移动多少个结点？具体的移动次数取决于哪两个因素？

【例题解答】在等概率情况下，顺序表中插入一个结点需平均移动 $n/2$ 个结点；删除一个结点需平均移动 $(n-1)/2$ 个结点。具体的移动次数取决于顺序表的长度 n 以及需插入或删除结点的位置 i，i 越接近 n，则所需移动的结点数越少。

例 2.3 已知线性表 $(a_1, a_2, \cdots, a_{n-1})$ 按顺序存储于内存中，每个元素都是整数，试设计用最少时间把所有值为负数的元素移到全部正数值元素前面的算法。

【例题解答】算法思想是：从左向右找到正数 A.data[i]，从右向左找到负数 A.data[j]，将两者交换。循环这个过程，直到 i 大于 j 为止。

算法如下：

```
void move(NODE  A)
{   int i=0,j=A.1en-1,k;
    ElemType temp;
    when(i<=j)
    {   while(A.data[i]<=0) i++;
        while(A.data[j]>=0) j--;
        if(i<j)              //交换
        {temp=A.data[i];A.data[i]=A.data[j];A.data[j]=temp;}
    }
}
```

例 2.4 描述以下 3 个概念的区别：头指针、头结点、首结点（第一个元素结点）。

【例题解答】在链表存储结构中，分为带头结点和不带头结点两种存储方式。采用带头结点的存储方式可以大大简化结点插入和删除过程。建议在编写算法时，除非题目特别指定不带头结点，一般尽量使用带头结点的存储方式实现算法。

头指针：是指向链表中第一个结点（首结点）的指针。

头结点：在开始结点之前附设的一个结点。

首结点：链表中存储线性表中第一个数据元素的结点。

若链表中附设头结点，则不管线性表是否为空，头指针均不为空，否则表示空表的链表的头指针为空。

例 2.5 已知一个线性表中的元素按元素值非递减有序排列，编写一个函数删除线性表中多余的值相同的元素。

【例题解答】算法思想是：由于线性表中的元素按元素值非递减有序排列，值相同的元素必为相邻的元素，因此依次比较相邻两个元素，若值相等，则删除其中一个，否则继续向后查找，最后返回线性表的新长度。

算法如下：

```
int del(NODE  L,int len)            // 线性表L的长度为len
{ int i=0,j;
  while(i<=n-1)
  if(L.data[i]!=L.data[i+1])        // 元素值不相等，继续向下找
   i++;
   else
   { for(j=i;j<n;j++)
    L.data[j]=L.data[j+1];          // 删除第 i+1 个元素
    len--;                          // 表长度减1
   return len;
   }
}
```

例 2.6 编写一个函数将一个线性表 L（有 len 个元素且任何元素均不为 0）分拆成两个线性表，使 L 大于 0 的元素存放在 A 中，小于 0 的元素存放在 B 中。

【例题解答】算法思想是：依次遍历 L 的元素，比较当前的元素值，大于 0 者赋给 A（假设有 p 个元素），小于 0 者赋给 B（假设有 q 个元素）。

算法如下：

```
void ret(NODE  L,NODE  A,NODE  B,int  len,int *p,int *q)
{    int i;
     *p=0;*q=0;
     for(i=0;i<=n-1;i++)
     {   if(L.data[i]>0)
         {(*p)++;
         A.data[*p]=L.data[i];
         }
         if(L.data[i]<0)
         {(*q)++;
         B.data[*q]=L.data[i];
         }
     }
}
```

例 2.7 编写一个函数用不多于 $(3n)/2$ 的平均比较次数，在一个线性表 L 中找出最大值和最小值的元素。

【例题解答】算法思想是：如果在查找最大值和最小值的元素时各扫描一遍所有元素，则至少要比较 2n 次，为此，使用一趟扫描找出最大值和最小值的元素。

算法如下：

```
void maxmin(NODE L,int len)
{    int max,min,i;
     max=L.data[0];
     min=L.data[0];
     for(i=1;i<n:i++)
       if(L.data[i]>max)
           max=L.data[i];
       else if(L.data[i]<min)
           min=L.data[i];
       printf("max=%d,min=%d\n",max, min);
}
```

在这个函数中，最坏的情况是线性表 L 的元素以递减顺序排列，这时 (L.data[i]>max)条件均不成立，比较的次数为 $n-1$。另外，每次都要比较 L.data[i]<min，同样所花比较次数为 $n-1$，因此，总的比较次数为 $2(n-1)$。

最好的情况是线性表 L 的元素递增顺序排列，这时(L.data[i]>max)条件均成立，不会再执行 else 的比较，所以总的比较次数为 $n-1$。

平均比较次数为$(2(n-1))+n-1)/2=3n/2-3/2$，所以该函数的平均比较次数不多于 $3n/2$。

例 2.8 已知 L 是无头结点的单链表，且 p 结点既不是第一个结点，也不是最后一个结点，试从下列提供的语句中选出合适的语句序列。

（1）在 p 结点之后插入 s 结点：_____。

（2）在 p 结点之前插入 s 结点：_____。

（3）在单链表 L 首插入 s 结点：_____。

（4）在单链表 L 尾插入 s 结点：_____。

① p->next=s;

② p->next=p->next->next;

③ p->next=s->next;

④ s->next=p->next;

⑤ s->next=L;

⑥ s->next=p;

⑦ s->next=NULL;

⑧ q=p;

⑨ while(p->next!=q) p=p->next;

⑩ while(p->next!=NULL)   p=p->next;

⑪ p=q;

⑫ p=L;

⑬ L=s;

⑭ L=p;

【例题解答】

（1）④①。

（2）⑧⑫⑨④①。

（3）⑤⑬。

（4）⑫⑩⑦①。

例 2.9　以下程序是合并两条链(f 和 q)为一条链 f 的过程。作为参数的两条链都是按结点上 num 值由大到小连接的。合并后新链仍按此方式连接。请填空，使程序能正确运算。

```
struct pointer{
    int num;
    struet pointer*next;
}
void combine(struet pointer* &f, struct pointer *q)
{   struct pointer *h,*p;
    h=(struct pointer*)malloe(sizeof(struet pointer));
                                //建立一个临时头结点
    h->next=NULL;
    p=h;                        // P 始终指向合并链表的最后一个结点
    while(f!=NULL&&q!=NULL)     // 将较大的结点连到合并链表之后
    {   if(f->num>=q->num)
        {   p->next=_____①_____;
            p=_____②_____;
            _____③_____;
        }
        else
        {   p->next=_____④_____;l
            p=_____⑤_____;
            _____⑥_____;
        }
    if(f==NULL)    _____⑦_____;  // 将余下的结点直接连到合并链表之后
    if(q==NULL)    _____⑧_____;
    f=h->next                  // f 指向合并链表的首结点(非头结点)
    free(h);                   // 释放前面建立的临时头结点
}
```

【例题解答】先建立一个临时头结点，称为合并链表，p 指向其最后一个结点。用 f，q 指针分别扫描两个单链表，将较大的结点连到合并链表之后，将 f，q 中未比较完的链表的所有余下结点直接连到合并链表之后。然后 f 指向合并链表的首结点，最后释放 h，则 f 指向合并链表的首结点。

填空如下：

① f;

② p->next;

③ f=f->next;

④ q;

⑤ p->next;

⑥ q=q->next;

⑦ p->next=q;

⑧ p->next=f;

例 2.10 试编写一个将单循环链表逆置的算法。

【例题解答】算法的思想：

（1）设 L 指向单循环链表的头结点，并且令 t 的初值为 L，p 的初值为 t->next，q 的初值为 p->next。

（2）从原单循环链表的第一个结点开始向后扫描，依次修改每个结点的 next 域指针，使之指向其结点的前驱。在顺链向后扫描的过程中，令 t 结点是 p 结点的前驱，q 结点是 p 结点的后继。

（3）修改 L 的 next 域指针，使之指向新单循环链表的第一个结点。

算法如下：

```
void Contray_CirL(linkList  &L)          // 将单循环链表逆置
{   NODE  *t,*p,*q;
    t=L;                       // 初始时, t 指向单循环链表的头结点
    p=t->next;                 // 初始时, p 指向单循环链表的第一个结点
    q=p->next;                 // 初始时, q 指向单循环链表的第二个结点
    while(p!=L)                // 顺链向后扫描到原单循环链表的最后一个结点
    {   p->next=t;             // 修改 p 结点 next 域指针, 使之指向其前驱
        t=P;                   // 顺链向后移动指针 t
        p=q;                   // 顺链向后移动指针 p
        q=p->next;             // 顺链向后移动指针 q
    }
    L->next=t;                 //修改 L 的 next 域指针, 使之指向新单循环链表的
                               //第一个结点
}
```

例 2.11 已知 Lh 是带头结点的单链表的头指针，试编写逆序输出表中各元素的递归算法。

【例题解答】逆序输出表的递归模型如下：

$$rev(h)= \begin{cases} 不输出任何元素 & （若 h=NULL） \\ rev(h\text{-->}next)；输出 h\text{->}data & （其他情况） \end{cases}$$

对应的算法如下：

```
void rev(NODE *h)
{   if(h!=NULL)
    {   rev(h->next);
        printf("%d",h->data);
    }
}
void main()
{   // 这里给出创建带头结点的单链表 Lh 的代码
    rev(Lh->next);
    printf("\n");
}
```

例 2.12 试编写一个在双向循环链表中值为 x 的结点之前插入值为 y 的结点的算法。

【例题解答】算法的思想：

（1）初始化，令指针 p 指向双向循环链表 L 的第一个结点；

（2）生成新结点 q，且将 y 写入新结点的 data 域；

（3）寻找插入点；

（4）将新结点插入双向循环链表 L 中值为 X 的结点之前。

算法如下：

```
Status  InsertPrior_L(DLinkList  &L)
// 在双向循环链表 I 中的值为 X 的结点之前插入值为 Y 的结点
{  dlnode *p,*q;
   p=L->next;                      // 初始化，令 p 指向表 L 中的第一个结点
   while((p!=L)&&(p->data!=x))
       p=p->next;                  // 寻找插入点
   if(p==L)
       printf("X doesn't exist\n");
   else
   {  if(!(q=(DLinklList)malloc(sizeof(dlnode))))
          return ERROR;            // 生成新结点，若空间不足，则返回 ERROR
       else                        // 将新结点插入双向循环链表 L 中值为 x 的结点之前
       {  q->data=y;               //将 Y 写入新结点的 data 域
          q->prior=p->prior;
          q->next=p;
          p->prior->next=q;
          p->prior=q;
       }
   }
return OK;
}
```

2.3 学习效果测试

1. 单项选择题

（1）线性表是（   ）。

    A. 一个有限序列，可以为空   B. 一个有限序列，不能为空

    C. 一个无限序列，可以为空   D. 一个无限序列，不能为空

（2）在一个长度为 n 的顺序存储的线性表中，向第 i 个元素($1 \leqslant i \leqslant n+1$)位置插入一个新元素时，需要从后向前依次后移（   ）个元素。

    A. $n-i$ B. $n-i+1$ C. $n-i-1$ D. i

（3）在一个长度为 n 的线性表中，删除值为 x 的元素时需要比较元素和移动元素的总次数为（   ）。

    A. $(n+1)/2$ B. $n/2$ C. n D. $n+1$

（4）在一个顺序表的表尾插入一个元素的时间复杂性的量级为（   ）。

    A. $O(n)$ B. $O(1)$ C. $O(n \times n)$ D. $O(\log_2 n)$

（5）设单链表中指针 p 指向结点 a_i，若要删除 a_i 之后的结点(若存在)，则需修改指针的操作为（   ）。

    A. p->next=p->next->next   B. p=p->next

    C. p=p->next->next   D. next=p

（6）设单链表中指针 p 指向结点 a_i，指针 f 指向将要插入的新结点 x。

① 当 x 插在链表中两个数据元素 a^i 和 a_{i+1} 之间时，只要先修改（　　）后修改（　　）即可。

      A．p->next=f
                                 B．p->next=p->next->next

      C．p->next=f--next
                                 D．f->next = p->next

      E．f->next=NULL
                                   F．f->next=p

② 在链表中最后一个结点 a_n 之后插入时，只要先修改（　　）后修改（　　）即可。

      A．f->next=p
                                 B．f->next=p->next

      C．p->next=f
                                 D．p->next=f->next

      E．f=NULL

（7）在一个单链表中，若要在 p 所指向的结点之后插入一个新结点，则需要相继修改（　　）个指针域的值。

      A．1
             B．2
             C．3
             D．4

（8）在一个单链表中，若要在 p 所指向的结点之前插入一个新结点，则此算法的时间复杂性的量级为（　　）。

      A．$O(n)$
            B．$O(n/2)$
            C．$O(1)$
            D．$O(\sqrt{n})$

（9）不带头结点的单链表 L 为空的判定条件是（　　）。

      A．L==NULL
                                 B．L->next==NULL

      C．L->next==L
                                 D．L!=NULL

（10）带头结点的单链表 L 为空的判定条件是（　　）。

      A．L==NULL
                                 B．L->next==NULL

      C．L->next==L
                                 D．L!=NULL

（11）指针 p 指着双向链表中的结点 a_i，a_{i-1} 为 a_i 的前驱结点，指针 f 指着将要插入的新结点 x。x 插在两个结点 a_{i-1} 和 a_i 之间，此时需修改指针的操作依次为（　　）。

      A．p-> prior-> next=f
                         B．p-> prior=f

      C．f->next = p
                          D．f-> prior = p-> prior

（12）在一个带头结点的双向循环链表中，若要在 p 所指向的结点之前插入一个新结点，则需要相继修改（　　）个指针域的值。

      A．2
              B．3
              C．4
             D．6

（13）在一个带头结点的双向循环链表中，若要在指针 p 所指向的结点之后插入一个 q 指针所指向的结点，则需要对 q->next 赋值为（　　）。

      A．p->prior
                                 B．p->next

      C．p->next->next
                                 D．p->prior->prior

2．填空题

（1）线性表的两种存储结构分别为_____和_____。

（2）若经常需要对线性表进行插入和删除运算，则最好采用_____存储结构，若经常需要对线性表进行查找运算，则最好采用_____存储结构。

（3）访问一个线性表中具有给定值元素的时间复杂性的量级为_____。

（4）对于一个长度为 n 的顺序存储的线性表，在表头插入元素的时间复杂性为_____，在表尾插入元素的时间复杂性为_____。

（5）单链表是_____的链接存储表示。

（6）在一个单链表中指针 p 所指向结点的后面插入一个指针 q 所指向的结点时，首先把_____的值赋给 q->next，然后把_____的值赋给 p->next。

（7）在一个单链表中的 p 所指结点之后插入一个 s 所指结点时，并且将 p 结点和 s 结点的值交接，可执行如下操作：

① s->next=_____①_____;

② p->next=s;

③ t=p->data;

④ p->data=_____②_____;

⑤ s->data=_____(3)_____。

（8）假定指向单链表中第一个结点的表头指针为 head，则向该单链表的表头插入指针 p 所指向的新结点时，首先执行_____赋值操作，然后执行_____赋值操作。

（9）在一个单链表中删除指针 p 所指向结点的后继结点时，需要把_____的值赋给 p->next 指针域。

（10）在一个单链表中删除 p 指知结点的后继结点时，应执行以下操作：

```
q=p->next;
p->next=_____;
free(q);
```

（11）带有一个头结点的单链表 head 为空的条件是_____。

（12）在_____链表中，既可以通过设定一个头指针也可以通过设定一个尾指针来确定它，即通过头指针或尾指针可以访问到该链表中的每个结点。

（13）非空的循环单链表 head 的尾结点(由 p 所指向)，满足条件_____。

（14）在一个带头结点的双向链表中的 p 指针之前插入一个 s 指针所指结点时，可执行如下操作：

① s->data=element;

② s->prior=_____①_____;

③ p->prior->next=s;

④ S->next=_____②_____;

⑤ p->prior=_____(3)_____。

（15）在一个双向链表中指针 p 所指向的结点之前插入一个新结点时，其时间复杂性的量级为_____。

3．简答题

（1）线性表的两种存储结构：一是顺序表；一是链表。试问：

① 两种存储表示各有哪些优缺点？

② 如果有几个线性表同时并存，并且在处理过程中，各表的长度会动态发生变化，线性表的总数也会动态地改变，在这种情况下，应选用哪种存储结构？为什么？

③ 如果线性表的总数基本稳定，并且很少进行插入和删除操作，但是要求以最快的速度存取线性表中的元素，则应该选用哪种存储结构？试说明理由。

（2）有哪些链表可仅由一个尾指针来唯一确定，即从尾指针出发能访问到链表上任何一个结点？

（3）在单链表、双链表和单循环链表中，若仅知道指针 p 指向某结点，不知道头指针，能否将结点*p 从相应的链表中删除？若可以，其时间复杂度各为多少？

（4）说明下述算法的功能。

```
LinklList  LinklListDemo(LinklList &L)        // L 是无头结点的单链表
{ NODE *q,*p;
if(L&&L->next)
{   q=L;
    L=L->next;
    p=L;
    while(p->next)
     p=p->next;
     p->next=q;
     q->next=NULL;
}
return  L;
}
```

4．算法设计题

（1）分别编写在顺序表和带头结点的单链表上统计出值为 x 的元素个数的算法，统计结果由函数值返回。

（2）设线性表存放于顺序表 A 中，其中有 n 个元素，且递减有序，请设计一个算法，将 x 插入线性表的适当位置，以保持线性表的有序性。给出该算法的时间复杂度。

（3）试编写一个用顺序存储结构实现将两个有序表合成为一个有序表，合并后的结果不另设新表存储的算法（假设表的容量大于等于两表元素之和）。

（4）试编写一个计算单链表中结点个数的算法。设指针 head 指向链表的首结点，末结点指针域为空。

（5）写一个将单链表"就地"逆转的算法，要求使用最少的附加存储单元。

提示：利用三个指针即可将链表"就地"逆转，即把表（$a_1,a_2,\cdots,a_n$）变成（$a_n,a_{n-1},\cdots,a_2,a_1$）。

（6）已知 A，B 和 C 为三个元素值递增有序的线性表，现要求对表 A 做如下运算：删除那些既在表 B 中出现，又在表 C 中出现的元素。试分别以两种存储结构（一种顺序，一种链式）编写实现上述运算的算法。

（7）已知线性表的元素是无序的，且以带头结点的单链表作为存储结构。试编写一个删除表中所有值大于 min 且小于 max 的元素（若表中存在这样的元素）的算法。

（8）试编写一个连接两个单链表的算法。设有链表 A=（$a_1,a_2,\cdots,a_m$）和 B=（$b_1,b_2,\cdots,b_n$），其中 m，n 均大于 0，则连接后产生一个新链表 C=（$a_1,a_2,\cdots,a_m$, $b_1,b_2,\cdots,b_n$）。

2.4 上机实验题及参考代码

实验题 2.1 顺序表的插入算法。

设计一个程序，在一个长度为 n 的顺序表的第 i 个位置上插入一个新结点 x，完成顺序表的插入。

对应的程序代码如下：

```
#define maxsize 1024
#define NULL 0
#include "stdlib.h"
typedef struct sequlist
{
    int data[maxsize];
    int last;
}SequenList;
SequenList *Init_SquenList()
{
    SequenList *L;
    L=(SequenList*)malloc(sizeof(SequenList));
    if(L!=NULL)
    {
        L->last=-1;
    }
    return L;
}
int SequenList_Length(SequenList *L)
{
    return(L->last+1);
}
int Insert_SquenList(SequenList *L,int x,int i)
{
    int j;
    if(L->last>=maxsize-1)
    {
        return 0;
    }
    if(i<1||i>L->last+2)
    {
        return -1;
    }
    for(j=L->last;j>=i-1;j--)
        L->data[j+1]=L->data[j];
        L->data[i-1]=x;
        L->last=L->last+1;
        return 1;
}
main()
{
    SequenList *L;
    int l,i,n,p;
    L=Init_SquenList();
```

```
    scanf("%d",&n);
    for(i=0;i<n;i++)
    {
        printf("L->data[%d]=",i);
        scanf("%d",&L->data[i]);
        L->last++;
    }
    l=SequenList_Length(L);
    printf("%d\n",L->last);
    printf("%d\n",L);
    printf("%d\n",l);
    printf("线性表的数据域元素为:\n");
    for(i=0;i<n;i++)
    {
        printf("%d",L->data[i]);
    }
    p=Insert_SquenList(L,88,5);
    printf("\n%d\n",p);
    printf("插入元素后线性表的数据域元素为:\n");
    for(i=0;i<L->last+1;i++)
    {
        printf("%d",L->data[i]);
    }
}
```

在顺序表上插入一个数据元素，平均需要移动表中一半的数据元素。如果顺序表的长度为 n，则顺序表插入算法的时间复杂度为 $O(n)$。

实验题 2.2 顺序表的删除算法。

设计一个程序，将一个长度为 n 的顺序表的第 i 个位置上的元素删除，完成顺序表的删除。

对应的程序代码如下：

```
#define n 20
#include <stdio.h>
main()
{
    int a[n],m,l,s,j;
    int deletelist(int i,int b[],int np);
    printf("please input m,l:");
    scanf("%d,%d",&m,&l);
    printf("please input array a:\n");
    for(j=0;j<m;j++)
{
    printf("a[%d]=",j);
    scanf("%d",&a[j]);
}
s=deletelist(l,a,m);
if(s==1)
    {
    printf("please output deleted array a:\n");
    for(j=0;j<m-1;j++)
    printf("%d ",a[j]);
```

```
    }
}
int deletelist(int i,int b[],int np)
{
int j;
if(i<1||i>np)
    return 0;
else
    {
    for(j=i;j<=np;j++)
        b[j-1]=b[j];
        return 1;
    }
}
```

在顺序表上实现删除运算时平均大约需要移动表中一半的数据元素，显然删除算法的时间复杂度为 $O(n)$。

实验题 2.3　尾插法建立单链表。

尾插法建立单链表的基本思想是：生成一个新结点，将读入的数据存入新结点的数据域中，然后把新结点连入当前链表的尾结点之后，重复上述过程，直到输入结束标志为止。

对应的程序代码如下：

```
#include <stdio.h>
#include <stdio.h>
#define NULL 0
typedef struct node
{ int data;
  struct node *next;
}NODE;
main()
{
  NODE *creat(void );
  NODE *h,*p;
  h=creat();
  p=h->next;
  while(p!=NULL)
  {
    printf("%d",p->data);
    p=p->next;
  }
}
NODE *creat()
{
    NODE *head,*p,*s;
    int ix;
    head=(NODE*)malloc(sizeof(NODE));
    if(head==NULL)
        return head;
        head->data=0; head->next=NULL;
        p=head;
        printf("请输入数据直到输入 0 结束: \n");
```

```
        scanf("%d",&ix);
    while(ix!=0)
    {  s=(NODE*)malloc(sizeof(NODE));
       If(s==NULL)
          return head
       s->data=ix;
       s->next=p->next;
       p->next=s;
       p=s;
      scanf("%d",&ix);
      }
    return(head);
 }
```

本算法的时间复杂度为 $O(n)$，n 为输入数据的规模。

实验题 2.4 单链表的插入。

设计一个算法，在单链表的第 i 个位置插入一个新结点。

插入运算是将值为 e 的新结点插入表的第 i 个结点的位置上，即插入 a_{i-1} 与 a_i 之间。因此，必须首先找到 a_{i-1} 所在的结点 p，然后生成一个数据域为 e 的新结点 q，q 结点作为 p 的直接后继结点。

```
#include <stdio.h>
#include <stdio.h>
#define NULL 0
typedef struct node
{  int data;
   struct node *next;
 }NODE;
main()
{
  NODE *creat(int n);
  void insertlist(NODE *L,int i,int e);
  int i,n,x;
  NODE *h,*p;
  printf("please input the number of node and insert number:");
  scanf("%d,%d",&n,&x);
  printf("\n");
  h=creat(n);
  p=h;
  p=p->next;
  while(p!=NULL)
  { printf("%d",p->data);
    p=p->next;
  }
  printf("\n");
  insertlist(h,3,x);
  p=h;
  p=p->next;
  while(p!=NULL)
  {
    printf("%d",p->data);
    p=p->next;
```

```
    }
}
NODE *creat(int n)
{
   NODE *head,*p,*s;
   int i;
   p=(NODE*)malloc(sizeof(NODE));
   p->data=0; p->next=NULL;
   head=p;
   for(i=1;i<=n;i++)
   { s=(NODE*)malloc(sizeof(NODE));
     scanf("%d",&s->data);
     s->next=NULL;
     p->next=s; p=p->next;
   }
   return(head);
}
void insertlist(NODE * L,int i,int e)
{
   NODE *p,*s;
   int j;
   p=L; j=0;
   while(p&&j<i-1)
   {
     p=p->next;
     ++j;
   }
   if(!p||j>i-1)
      printf("error");
      s=(NODE*)malloc(sizeof(NODE));
      s->data=e;
      s->next=p->next;
      p->next=s;
}
```

本算法的时间复杂度为 $O(n)$。

栈和队列 ‹‹‹

第 3 章

【重点】

- 栈和队列的操作特性。
- 栈和队列的基本操作的实现。

【难点】

- 循环队列的组织及其队空和队满的判定条件。
- 栈与递归的关系，递归的应用。

3.1 重点内容概要

3.1.1 栈

1. 栈的基本概念

栈（Stack）：是一个线性表，其所有的插入和删除均限定在表的一端进行。允许插入和删除的一端称为栈顶（Top），不允许插入和删除的一端称为栈底（Bottom）。

栈顶 top：表尾端。

栈底 bottom：表头端。

空栈：不含元素的空表。

假设栈 $S=(a_1, a_2, \cdots, a_n)$，则称 a_1 为栈底元素，a_n 为栈顶元素。栈中元素按 a_1，a_2，$\cdots$，a_n 的次序进栈，栈的第一个元素应为栈顶元素。

栈的特性：栈的操作是按后进先出的原则进行的。因此，栈又称后进先出（Last In First Out）的线性表（简称 LIFO 结构）。

栈的基本操作包括在栈顶进行插入、删除，以及栈的初始化、判空和取栈顶元素等。

（1）lnitStack(s)：初始化栈 stack，即设置 stack 为空栈。

（2）Emptys(s)：判定 stack 是否为空，若栈 s 为空栈，则返回值为 1，否则返回值为 0。

（3）Push(s,x)：进栈操作。在栈 s 的栈顶插入数据元素 x。

（4）Pop(s,x)：出栈操作。若栈 s 不为空，将栈顶元素赋给 x，并从栈中删除当前栈顶元素。

（5）GetTop(s)：读取栈顶。若栈 s 不空，由 x 返回栈顶元素；当栈 s 为空时，结果为一个特殊标志。

2. 栈的顺序表示与实现（顺序栈）

顺序栈是栈在计算机中的顺序存储表示，它是利用一组地址连续的存储单元依次存放自栈底到栈顶的数据元素，同时附设指针 top 指示栈顶元素在顺序栈中的位置。

顺序栈的类型定义如下：

```
#define StackSize <顺序栈的容量>
typedef struct snode{
  ElemType data[StackSize];
  int top;
} SeqStack;
SeqStack  s;
```

使用高级语言编程时，也可用一维数组来建立顺序栈，实现栈的顺序存储表示。现用 C 语言描述如下：

```
#define M 100
anytype stack[M];
int top=0;
```

栈的说明如下：

（1）栈顶指针的引用为 s->top，栈顶元素的引用为 s->data[s->top]。

（2）初始时，设置 s->top=-1。

（3）进栈操作：在栈不满时，栈顶指针先加 1，再送值到栈顶元素。出栈操作：在栈非空时，先从栈顶元素处取值，栈顶指针再减 1。

（4）栈空条件为 s->top==-1，栈满的条件为 s->top== StackSize-1。

（5）栈的长度为栈顶指针值加 1。

在顺序栈上的基本运算如下：

（1）设置空栈：首先建立栈空间，然后初始化栈顶指针。

```
SeqStack  *Init_SeqStack()
{ SeqStack  *s;
  s=malloc(sizeof(SeqStack));
  s->top=-1;
  return s;
}
```

（2）判空栈。

```
int Empty_SeqStack(SeqStack *s)
{  if(s->top==-1)
     return 1;
   else
     return 0;
}
```

（3）入栈。

```
int Push_SeqStack (SeqStack *s, datatype  x)
{   if(s->top==MAXSIZE-1)
    return 0;     /*栈满不能入栈*/
    else
    {  s->top++;
       s->data[s->top]=x;
       return 1;
    }
}
```

（4）出栈。

```
int Pop_SeqStack(SeqStack *s, datatype *x)
{ if(Empty_SeqStack(s))
  return 0;                    /*栈空不能出栈 */
    else
    {*x=s->data[s->top];
     s->top--;
     return 1;
    }                          /*栈顶元素存入*x，返回*/
}
```

（5）取栈顶元素。

```
datatype  Top_SeqStack(SeqStack *s)
{ if(Empty_SeqStack(s))
    return 0;                  /*栈空*/
    else
    return(s->data[s->top]);
}
```

3．栈的链式表示

在栈的容量难以确定时，为了避免发生上溢，可采用链式存储结构。栈的链式存储表示又称链栈，其类型定义如下：

```
typedef  struct  node
{ datatype data;
   struct node *next;
}StackNode, *LinkStack;
LinkStack top;             //说明 top 为栈顶指针:
```

因为栈中的主要运算是在栈顶插入、删除，链栈的方向应使进栈和出栈操作简单、快捷。显然把栈顶设置在链表表头一段，可使结点的插入和删除十分方便。相反，若把栈顶设在表尾，则每次进、出栈都要扫描整个链表；并且没有必要像单链表那样为了运算方便附加一个头结点。

链栈是一个特殊的单链表，和所有的链表一样，无须预先分配存储空间。当有元素进栈时，可动态地向系统申请一个结点空间，然后把进栈元素的值写入新结点的数据域，再把栈顶指针 top 的值写入新结点的指针域。通常将链栈表示成图 3.1 所示的形式。链栈基本操作的实现如下：

（1）设置空栈。

```
LinkStack  Init_LinkStack()
{return  NULL;
}
```

（2）判栈空。

```
int  Empty_LinkStack(LinkStack  top)
{if(top==-1)
    return 1;
  else
    return 0;
}
```

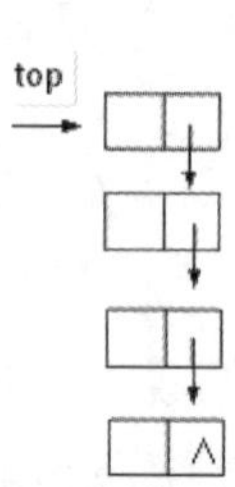

图 3.1　链栈形式

（3）入栈。

```
LinkStack  Push_LinkStack(LinkStack  top, datatype x)
{ StackNode *s;
```

```
      s=malloc(sizeof(StackNode));
      s->data=x;
      s->next=top;
      top=s;
      return top;
}
```

（4）出栈。

```
LinkStack Pop_LinkStack(LinkStack top,datatype *x)
{  StackNode *p;
   if(top==NULL)
      return NULL;
   else
   { *x=top->data;
     p=top;
     top=top->next;
     free(p);
     return top;
   }
}
```

4．栈的应用

（1）子程序调用。在计算机程序设计中，子程序调用及其返回地址的处理是栈应用的一个典型例子。利用栈可以简单而安全地使子程序调用和返回问题得到圆满解决。

（2）计算表达式。是高级语言编译中的一个基本问题，它的具体实现是栈的一个重要应用。

3.1.2 队列

1．队列的基本概念

队列（Queue）：队列也是线性表的一种特殊情况，但它与栈不同。只允许在表的一端进行插入，而在另一端删除元素的线性表。队列的结构特点是先进队的元素先出队。

队尾（Rear）：允许插入的一端。

队头（Front）：允许删除的一端。

空队列：不含元素的空表。

假设队列为 $q=(a_1,a_2,\cdots,a_n)$，那么，a_1 就是队头元素，a_n 则是队尾元素。队列中的元素是按照 $a_1,a_2,\cdots,a_n$ 的顺序进入的，退出队列也只能按照这个次序依次退出，也就是说，只有在 $a_1,a_2,\cdots,a_{n-1}$ 都离开队列之后，a_n 才能退出队列。

队列的特性：先进先出（First In First Out 或 Last In Last Out）的线性表（简称 FIFO 结构或 LILO 结构）。

队列的基本运算如下：

（1）InitQueue(q)：初始化队列 q，即设置 q 为空队列。

（2）Emptyq(q)：判定 q 是否为空。若 q 为空，则返回值为 1；否则返回值为 0。

（3）EnQueue(q,x)：入队列操作。若队列未满，将 x 插入 q 的队尾。若原队列非空，则插入后 x 为原队尾结点的后继，同时是新队列的队尾结点。

（4）OutQueue(q,x)：出队操作。若队列 q 不空，则将队头元素赋给 x，并删除队头结点，而该结点的后继成为新的队头结点。

（5）GetHead(q,x)：读队头元素。若队列 q 不空，则由 x 返回队头结点的值；否则给一个特殊标志。

2. 队列的顺序表示（顺序队列）

在计算机中，用顺序存储结构表示的队列称为顺序队列。与栈一样，队列的顺序表示是用一组地址连续的空间存放队列中的元素，可借助高级语言中的一维数组来实现。另外，队列工作时，队头元素和队尾元素不断变动，为确定队头元素和队尾元素的位置，需设置两个分别指示队头元素的存储位置和指示队尾元素的存储位置的变量 front 和 rear，分别称为"队头指针"和"队尾指针"。

顺序队列可用 C 语言定义如下：

```
#define M 100
anytype queue[M];
int front=0,rear=0;
```

顺序队列的类型也可以定义如下：

```
#define QueueSize MAXSIZE
typedef struet qnode{
  ElemType data[QueueSize];
  int front,rear;
} SeQueue;
SeQueue *sq;
```

申请一个顺序队的存储空间：

```
sq=malloc(sizeof(SeQueue));
```

队列的数据区为：

```
sq->data[0]---sq->data[MAXSIZE -1]
```

队头指针：`sq->front`

队尾指针：`sq->rear`

设队头指针指向队头元素前面一个位置，队尾指针指向队尾元素（这样的设置是为了某些运算的方便，并不是唯一的方法）。

置空队则为：`sq->front=sq->rear=-1;`

在不考虑溢出的情况下，入队操作队尾指针加 1，指向新位置后，元素入队。

操作如下：

```
sq->rear++;
sq->data[sq->rear]=x;  /*原队头元素送 x 中*/
```

在不考虑队空的情况下，出队操作队头指针加 1，表明队头元素出队。

操作如下：

```
sq->front++;
x=sq->data[sq->front];
```

队中元素的个数：`m=(sq->rear)-(sq->front);`

队满时：`m=MAXSIZE;`

队空时：`m=0.`

按照上述思想建立的空队及入队出队示意图如图 3.2 所示，设 MAXSIZE=10。

从图中可以看到，随着入队出队的进行，会使整个队列整体向后移动，这样就出现了图 3.2 中的假溢出现象：队尾指针已经移到了最后，再有元素入队就会出现溢出，而事实上此时队中并未真的"满员"，这种现象为"假溢出"，这是由于"队尾入队头出"这种受限制的操作所造成。

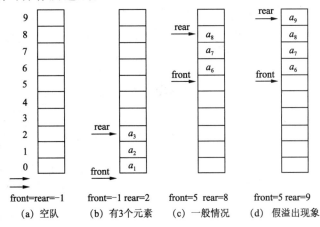

图 3.2　队列操作示意图

3．循环队列与实现

为了解决顺序队中的"假溢出"问题，需要把数组想象成一个首尾相接的环，这种数组称为"循环数组"，存储在其中的队列称为"循环队列"。

解决队满、队空的判断问题，可以有 3 种方法：

（1）设置一个布尔变量以区别队满还是队空。

（2）浪费一个元素的空间，用于区别队满还是队空。

（3）使用一个计数器记录队列中元素个数（即队列长度）。

在实际应用中，大都采用第（2）种方法，即队头指针、队尾指针中有一个指向元素，而另一个指向空闲位置。

通常约定队尾指针指示队尾元素在一维数组中的当前位置，队头指针指示队头元素在一维数组中的当前位置的前一个位置。这种顺序队列说明如下：

（1）队头指针的引用为 q->front，队尾指针的引用为 q->rear。

（2）初始时，设置 q->front=q->rear=0。

（3）入队操作：在队列未满时，队尾指针先加 1（要取模），再送值到队尾指针指向的空闲位置。出队操作：在队列非空时，队头指针先加 1（要取模），再从队头指针指向的队头元素处取值。

（4）队空的条件：q->front==q->rear；队满的条件为 q->front==(q->rear+1)%QueueSize。

在循环队列的操作时应注意，队头指针、队尾指针加 1 时，都要取模，以保持其值不出界。

循环队列的类型定义及基本运算如下：

```
typedef  struct{
    datatype data[MAXSIZE];        /*数据的存储区*/
```

```
    int front,rear;              /*队头队尾指针*/
    int num;                     /*队中元素的个数*/
}c_SeQueue;                      /*循环队*/
```

（1）设置空队列。

```
c_SeQueue*  Init_SeQueue()
{ q=malloc(sizeof(c_SeQueue));
  q->front=q->rear=MAXSIZE-1;
  q->num=0;
  return q;
}
```

（2）入队列。

```
int In_SeQueue(c_SeQueue *q,datatype  x)
{ if(num==MAXSIZE)
  { printf("队满");
      return  -1;                /*队满不能入队*/
  }
  else
  { q->rear=(q->rear+1)%MAXSIZE;
    q->data[q->rear]=x;
    num++;
    return 1;                    /*入队完成*/
  }
}
```

（3）出队列。

```
int Out_SeQueue (c_SeQueue *q,datatype  *x)
{ if(num==0)
  { printf("队空");
    return -1;                   /*队空不能出队*/
  }
  else
  { q->front=(q->front+1) % MAXSIZE;
    *x=q->data[q->front]; /*读出队头元素*/
    num--;
    return 1;                    /*出队完成*/
  }
}
```

（4）判队空。

```
int Empty_SeQueue(c_SeQueue  *q)
{ if(num==0)
    return 1;
  else
    return 0;
}
```

4．双端队列

双端队列（DeQue）是限定插入和删除操作在表的两端进行的线性表。这两端分别称为端点 1 和端点 2。在实际使用中，可以有输出受限的双端队列（即一个端点允许插入和删除，另一个端点只允许插入的双端队列）和输入受限的双端队列（即一个端点允许插入和删除，另一个端点只允许删除的双端队列）。如果限定双端队列从某个端点插入的元素只能从该端点删除，则该双端队列就蜕变为两个栈底相邻接的栈。

5. 队列的链式表示与实现

循环队列巧妙地解决了顺序队列的"假溢出"问题。对于单个队列而言，采用顺序存储结构是简单、有效的。但是，若有多个队列并存，每个队列的存储需求难以确定时，情况将比多个栈并存复杂得多。若采用链式存储结构，每个队列用一个链表表示，则可使多个队列并存问题的处理十分简单、方便。队列的链式表示称为链队列，它实际上是一个同时带有队头指针和队尾指针的单链表。头指针指向队头结点，尾指针指向队尾结点即单链表的最后一个结点。为了简便，链队列设计成一个带头结点的单链表。

链队列的描述如下：

```
typedef struct node
{ datatype  data;
  struct  node *next;
} QNode;                     /*链队列结点的类型*/
typedef struct
{ QNnode *front,*rear;
} LQueue;                    /*将头尾指针封装在一起的链队列*/
  定义一个指向链队列的指针: LQueue *q;
```

链队列的基本运算如下：

（1）创建一个带头结点的空队列。

```
LQueue  *Init_LQueue()
{ LQueue *q,*p;
    q=malloc(sizeof(LQueue));    /*申请头尾指针结点*/
    p=malloc(sizeof(QNode));     /*申请链队头结点*/
    p->next=NULL;
    q->front=q->rear=p;
    return q;
}
```

（2）入队列。

```
void In_LQueue(LQueue *q , datatype  x)
{ QNode *p;
    p=malloc(sizeof(QNnode)); /*申请新结点*/
    p->data=x;
    p->next=NULL;
    q->rear->next=p;
    q->rear=p;
}
```

（3）判队空。

```
int  Empty_LQueue(LQueue *q)
{ if(q->front==q->rear)
    return 0;
  else
    return 1;
}
```

（4）出队列。

```
int Out_LQueue(LQueue *q,datatype  *x)
{ QNnode *p;
    if(Empty_LQueue(q) )
```

```
    { printf("队空");
      return 0;
    }   /*队空，出队失败*/
  else
    { p=q->front->neat;
      q->front->next=p->next;
      *x=p->data;/*队头元素放 x 中*/
      free(p);
      if(q->front->next==NULL)
      q->rear=q->front;
      /*只有一个元素时，出队后队空，此时还要修改队尾指针*/
      return 1;
    }
}
```

6. 队列的应用

在日常生活中，队列的例子到处皆是。例如，等待购物的顾客总是按先来后到的次序排成队列，先得到服务的顾客是站在队头的先来者，而后到的人总是排在队的末尾。模拟这类事物的计算机程序，就需要用到队列这种存储结构。

在计算机系统中，队列的应用也很多。例如，操作系统中的作业调度，就是队列的一个典型应用实例。在一个允许多道程序同时运行的计算机系统中，有多个用户同时共用一台机器，而同一时刻只能为一个作业服务，那么，如何管理同时运行的多个作业呢？一种简单的处理办法是按照各作业申请"服务"的先后次序排队，并实行"先来先服务"的管理原则。任何一个多任务系统中，至少存在三个队列，即等待输入的作业队列、等待 CPU 处理的作业队列和等待输出的作业队列。采用链式存储结构时，可为三个队列分别各建一个链队列。

3.2 常见题型及典型题精解

例 3.1 如果进栈的数据元素序列为 A，B，C，D，则可能得到的出栈序列有多少种？写出全部可能的序列。

【例题解答】依据栈的特性："先进后出"，可能得到的出栈序列有下列 14 种。

A，B，C，D；　　A，B，D，C；　　A，C，B，D；　　A，C，D，B；

A，D，C，B；　　B，A，C，D；　　B，A，D，C；　　B，C，A，D；

B，C，D，A；　　B，D，C，A；　　C，B，A，D；　　C，B，D，A；

C，D，B，A；　　D，C，B，A。

例 3.2 设有一个顺序栈 S，元素 s_1、s_2、s_3、s_4、s_5、s_6 依次进栈，如果 6 个元素出栈的顺序是 s_2、s_4、s_3、s_6、s_5、s_1，则栈的容量至少应该是（　　　　）。

　　　　　A. 2　　　　　　　B. 3　　　　　　　C. 5　　　　　　　D. 6

【例题解答】s_1、s_2 进栈后，此时栈中有 2 个元素；接着 s_2 出栈，栈中尚有 1 个元素 s_1；s_3、s_4 进栈后，此时栈中有 3 个元素；接着 s_4、s_3 出栈，栈中尚有 1 个元素 s_1；s_5、s_6 进栈后，此时栈中有 3 个元素；接着 s_6、s_5 出栈，栈中尚有一个元素 s_1；s_1 出栈后，此时栈为空栈。由此可知，栈的容量至少应该是 3，答案选择 B。

例 3.3 设已将元素 a_1、a_2、a_3 依次入栈，元素 a_4 正等待进栈。那么下列 4 个序列中不可能出现的出栈序列是（　　　）。

　　　A. $a_3 a_1 a_4 a_2$　　　B. $a_3 a_2 a_4 a_1$　　　C. $a_3 a_4 a_2 a_1$　　　D. $a_4 a_3 a_2 a_1$

【例题解答】 由于 a_1、a_2、a_3 已进栈，此时，栈顶元素为 a_3，不管 a_4 何时进栈，出栈后，a_1、a_2、a_3 的相对位置一定是不变的，即 a_3 一定在前，a_2 居中，a_1 一定在后。比较上述 4 个答案，只有选项 A 中的 a_1 出现在 a_2 前面，这显然是错误的。因此答案是 A。

例 3.4 向一个栈顶指针为 top 的链栈中插入一个 s 所指结点时，其操作步骤为（　　　）。

　　　A. top->next=s　　　　　　　　　B. s->next=top->next; top->next=s
　　　C. s->next=top; top=s　　　　　　D. s->next=top;top=top->next

【例题解答】 本操作是在链栈上的进栈操作。操作顺序应该是先插入结点，再改变栈顶指针。因此答案是 C。

例 3.5 链栈与顺序栈相比，有一个较明显的优点是（　　　）。

　　　A. 通常不会出现栈满的情况　　　B. 通常不会出现栈空的情况
　　　C. 插入操作更加方便　　　　　　D. 删除操作更加方便

【例题解答】 不管是链栈还是顺序栈，其插入、删除操作都在栈顶进行，都比较方便，所以选项 C、D 不正确。对链栈来说，当栈中没有元素而又要执行出栈操作时，就会出现栈空的现象，故选项 B 也不正确。只要内存足够大，链栈上就不会出现栈满现象。而对顺序栈来讲，由于其大小是事先确定好的，因此可能会出现栈满现象。因此答案是 A。

例 3.6 为了增加内存空间的利用率和减少溢出的可能性，由两个栈共享一块连续的内存空间时，应将两栈的（　　　）分别设在这块内存空间的两端。

　　　A. 长度　　　　　B. 深度　　　　　C. 栈顶　　　　　D. 栈底

【例题解答】 一个双向栈是在同一个向量空间内实现的两个栈，由两个栈共享一连续的内存空间，它们的栈底分别设在向量空间的两端，从而可以增加内存空间的利用率和减少溢出的可能性。因此答案是 D。

例 3.7 栈的逻辑特点是＿＿＿＿＿。队列的逻辑特点是＿＿＿＿＿。二者的共同点是只允许在它们的＿＿＿＿＿处插入和删除数据元素；区别是＿＿＿＿＿。

【例题解答】 由于只能在栈顶处执行插入、删除操作，使得数据元素的进栈顺序恰好与出栈顺序相反，所以栈的逻辑特点是先进后出（或后进先出）。而对于队列来说，插入、删除操作必须在队列的两端进行，数据元素的进队顺序是一致的，所以队列的逻辑特点是先进先出（或后进后出）。两者的共同点是所有操作只能在端点处进行。

【答案】 先进后出（或后进先出）；先进先出（或后进后出）；端点；栈是在同一端插入和删除，队列是在一端插入而在另一端删除。

例 3.8 引入循环队列的目的是为了克服＿＿＿＿＿＿＿＿。

【例题解答】 顺序存储的队列随着入队、出队的进行，会使整个队列整体向后移动，这样就会出现"假溢出"现象：队尾指针已经移到最后，再有元素入队就会出现溢出，而事实上此时队列中并未真的"满员"。将队列的数据区看成首尾相接的循环结构，即"循环队列"，首尾指针的关系不变，可以解决这一问题。

【答案】"假溢出"现象

例 3.9　链栈为何不设置头结点？

【例题解答】因为链栈是运算受限制的单链表，其插入和删除操作都限制在表头位置上进行。由于只能在链表头部进行操作，故链栈不需要设置头结点。

例 3.10　有字符串次序为-3*-y-a/y↑2,试利用栈排出将次序改变为3y-*ay↑2/--的操作步骤（可用 X 代表扫描该字符串函数中顺序取一字符进栈的操作，用 S 代表从栈中取出一字符加到新字符串尾的出栈的操作）。例如：ABC 变为 BCA，则操作步骤为 XXSXSS。

【例题解答】实现上述转换的进出栈操作如下：

-进	3进	3出	*进	-进	y进	y出	-出	*出
-进	a进	a出	/进	y进	y出	↑进	↑出	2进
2出	/出	-出	-出					

操作步骤为 XXSXXXSSSXSXXSXSXSSSS。

例 3.11　假设以 I 和 O 分别表示入栈和出栈操作，栈的初态和终态均为空，入栈和出栈的操作序列可表示为仅由 I 和 O 组成的序列。

（1）下面所示的序列中哪些是合法的？

A. IOIIOIOO　　　　B. IOOIOIIO　　　　C. IIIOIOIO　　　　D. IIIOOIOO

（2）通过对(1)的分析，写出一个算法判定所给的操作序列是否合法。若合法返回1；否则返回 0。(假设判定的操作序列已存入一维数组中)

【例题解答】

（1）选项 A，D 均合法，而选项 B，C 不合法。因为在选项 B 中，先入栈 1 次，立即出栈 2 次，这会造成栈下溢。在选项 C 中共入栈 5 次，出栈 3 次，栈的终态不为空。

（2）本例用一个链栈来判断操作序列是否合法，其中 A 为存放操作序列的字符数组，n 为该数组的元素数。（这里的 ElemType 类型设定为 char）

```
int judge(char A[],int n)
{ int i;
  ElemType x;
  Lstack *s;
  InitStack(s);
  for(i=0;i<n;i++)
  {if(A[i]=='I')                // 入栈
      Push(S,A[i]);
    else if(A[i]=='o')          // 出栈
      Pop(s,x):
      else return 0;           // 其他值无效退出
  }
  return(S->next==NULL);        // 栈为空时返回1,否则返回0
}
```

例 3.12　栈 1 和栈 2 共享存储空间 $c[m]$（下标为 1，2,…,m)，其中一个栈底设在

$c[1]$处，另一个栈底设在$c[m]$处。分别编写栈 1 和栈 2 的进栈 Push(i,x)、出栈 Pop(i) 和设置栈空 Setnull(i)的函数，其中 $i=1,2$。注意：仅当整个空间 c 占满时，才产生上溢。

【例题解答】该共享栈的结构如图 3.3 所示，两栈的最多元素个数为 m，top1 是栈 1 的栈指针，top2 是栈 2 的栈指针。当 top2=top1+1 时，栈 2 出现上溢出；当 top1=0 时，栈 1 出现下溢出；当 top2=m+1 时，栈 2 出现下溢出。

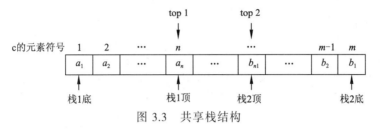

图 3.3 共享栈结构

函数算法如下：

```
//top1,top2和m均为已赋初值的int型全局变量
void Push(ElemType x,int i)
{ if(top1==top2-1)
  printf("上溢出!\n");
  else
   if(i==1)            //对栈 1 进行入栈操作
   {top1++;
    c[top1]=x;
   }
   else                //对栈 2 进行入栈操作
   {top2--;
    c[top2]=x;
   }
}
//函数 Pop()
void Pop(int i)
{ElemType X;
  { if(i==1)
    if(top1==0)
    printf("栈 1 下溢出!\n");
    else
    { x=c[top1];
      top1--;
    }
    else
    if(top2==m+1)
      printf("栈 2 下溢出!\n");
    else
    {x=c[top2];
     top2++;
    }
  }
}
//函数 Setnull()
```

```
void Setnulll(int i)
{ if(i==1)
    top1=0;
  else
    top2=m+1:
}
```

例 3.13 写一个算法。将一个链式队列中的元素依次取出，并打印元素值。

【例题解答】算法如下：

```
int Print_LQ(Lqueue *q)          //将链式队列 q 中的元素依次取出,并打印元素值
{ Lqueue *ql;
  ql=q.front->next;              //令 ql 指向队列 q 的第一个结点
  while(ql!=NULL)
    //从链式队列的第一个结点开始,依次打印结点的使用域值,然后顺链后移指针
    { printf("%d",ql->data);
      ql=ql->next;
    }
return 1;
}
```

3.3 学习效果测试

1. 单项选择题

（1）一个栈的入栈序列是 a,b,c,d,e，则栈的不可能的输出序列是（   ）。

    A. edcba   B. dceab   C. decba   D. abcde

（2）当利用大小为 N 的数组顺序存储一个栈时，假定用 top==N 表示栈空，则向这个栈插入一个元素时，首先应执行（   ）语句修改 top 指针。

    A. top++   B. top--   C. top=0   D. top=$N-1$

（3）假定利用数组 $a[N]$ 顺序存储一个栈，用 top 表示栈顶指针，top==-1 表示栈空，并已知栈未满，当元素 x 进栈时所执行的操作为（   ）。

    A. $a[--top]=x$ B. $a[top--]=x$ C. $a[++top]=x$ D. $a[top++]=x$

（4）若已知一个栈的入栈序列是 $1,2,3,\cdots,n$，其输出序列为 $p_1,p_2,p_3,\cdots,p_n$，若 $p_1=n$，则 p_i 为（   ）。

    A. i B. $n-i$ C. $n-i+1$ D. 不确定

（5）判定一个栈 S（最多元素为 m_0）为空的条件是（   ）。

    A. S->top!=0   B. S->top==0

    C. S->top!=m_0 D. S->top==m_0

（6）判定一个栈 S（最多元素为 m_0）为满的条件是（   ）。

    A. S->top!=0   B. S->top==0

    C. S->top!=m_0-1 D. S->top==m_0-1

（7）假定一个链式栈的栈顶指针用 top 表示，每个结点的结构为 | data | next |，出栈时所进行的指针操作为（   ）。

    A. top->next=top   B. top=top->data

    C. top=top->next   D. top->next=top->next->next

（8）一个队列的入列序列是 1,2,3,4，则队列的输出序列是（　　　）。

    A．4,3,2,1　　　　B．1,2,3,4　　　　C．1,4,3,2　　　　D．3,2,4,1

（9）在一个顺序循环队列中，队首指针指向队首元素的（　　　）位置。

    A．前一个　　　　B．后一个　　　　C．当前　　　　　D．最后

（10）从一个顺序循环队列中删除元素时，首先需要（　　　）。

    A．前移队首指针　　　　　　　　B．后移队首指针

    C．取出队首指针所指位置上的元素　D．取出队尾指针所指位置上的元素

（11）假定一个顺序循环队列的队首和队尾指针分别用 front 和 rear 表示，则判断队空的条件为（　　　）。

    A．front+1==rear　　　　　　　　B．rear+1==front

    C．front==0　　　　　　　　　　D．front==rear

（12）假定一个顺序循环队列存储于数组 a[N]中，其队首和队尾指针分别用 front 和 rear 表示，则判断队满条件为（　　　）。

    A．(rear−1)%N==front　　　　　B．(rear+1)%N==front

    C．(front−1)%N==rear　　　　　D．(front+1)%N==rear

（13）判断一个循环队列 Q（最多元素为 m_0）为空的条件是（　　　）。

    A．Q->front== Q->rear　　　　　B．Q->front!= Q->rear

    C．Q->front== (Q->rear+1)%m_0　D．Q->front!= (Q->rear+1)%m_0

（14）判定一个循环队列 Q（最多元素为 m_0）为满队列的条件是（　　　）。

    A．Q->front==Q->rear　　　　　B．Q->front!=Q->rear

    C．Q->front==(Q->rear+1)%m_0　D．Q->front!=(Q->rear+1)%m_0

（15）循环队列用数组 A[m](下标从 0 到 m−1)存放其元素值，已知其头尾指针分别是 front 和 rear，则当前队列中的元素个数是（　　　）。

    A．(rear−front+m)%m　　　　　B．rear−front+1

    C．rear−front−1　　　　　　　　D．rear−front

（16）假定一个链队列的队首和队尾指针分别用 front 和 rear 表示，每个结点的结构为

data	next

，出队时所进行的指针操作为（　　　）。

    A．front=front->next

  B．rear=rear->next

  C．front->next=rear　　　rear=rear->next

  D．front=front->next　　front->next=rear

2．填空题

（1）线性表、栈和队列都是＿＿＿＿结构，可以在线性表的＿＿＿＿位置插入和删除元素；对于栈只能在＿＿＿＿插入和删除元素；对于队列只能在＿＿＿＿插入元素和＿＿＿＿删除元素。

（2）向一个顺序栈插入一个元素时，首先使＿＿＿＿后移一个位置，然后把新元素＿＿＿＿到这个位置上。

（3）从一个栈删除元素时，首先取出＿＿＿＿，然后再使＿＿＿＿减 1。

（4）在一个长度为 n 的线性表中的第 i 个元素($1 \leq i \leq n$)之前插入一个元素时，需向后移动_____个元素。

（5）在一个长度为 n 的线性表中删除第 i 个元素($1 \leq i \leq n$)之时，需向前移动_____个元素。

（6）一个顺序栈存储于一维数组 $a[m]$ 中，栈顶指针用 top 表示，当栈顶指针等于_____时，则为空栈；栈顶指针等于_____时，则为满栈。

（7）在一个链栈中，若栈顶指针等于 NULL 则为_____；在一个链队列中，若队首指针与队尾指针的值相同，则表示该队列为_____或该队_____。

（8）设元素 1,2,3,4,5 依次进栈，若要在输出端得到序列 34251，则应进行的操作序列为 push(S,1)，push(S,2)，_____，pop(S),push(S,4),pop(S),_____，_____,pop(S), pop(S)。

（9）在一个循环队列中，队首指针指向队首元素的_____。

（10）向一个顺序循环队列中插入元素时，需要首先移动_____，然后再向它所指位置_____新元素。

（11）在一个空链队列中，假定队首和队尾指针分别为 front 和 rear，当向它插入一个新结点*p 时，则首先执行_____操作，然后执行_____操作。

（12）在具有 n 个单元的循环队列中，队满时共有_____个元素。

3．简答题

（1）简述栈和队列的相同点和不同点。

（2）如果进栈的数据元素序列为 1,2,3,4,5,6，能否得到 4,3,5,6,1,2 和 1,3,5,4,2,6 的出栈序列?并说明为什么不能得到或如何得到?

（3）设有一个栈，元素进栈的次序为 a,b,c,d,e。试问：能否得到下列的出栈序列？若能，请写出操作序列；若不能，请说明原因。

① a,b,c,d,e;

② b,c,d,e,a;

③ e,a,b,c,d;

④ e,d,b,c,a。

（4）从现实生活中举例说明栈的特征。

（5）从现实生活中举例说明队列的特征。

（6）举例说明栈的"上溢""下溢"现象及顺序队列的"假溢出"现象。

（7）循环队列的优点是什么？ 如何判别它的空和满？

4．算法设计题

（1）写一个算法，将一个顺序栈中的元素依次取出，并打印元素值。

（2）回文是指正读和反读均相同的字符序列，如"abada"和"abba"均是回文，但"good"不是回文。试写一个算法，判定给定的字符串是否为回文（提示将一半字符入栈）。

（3）Ackerman 函数的定义如下：

$$Ack(m,n)=\begin{cases} n+1 & m=0 \\ Ack(m-1,1) & m\neq0,n\neq0 \\ Ack(m-1,Ack(m-1,1)) & m\neq n,n\neq0 \end{cases}$$

请写出递归算法。

（4）写一个算法，将一个非负十进制数转换成二进制。

（5）设以整数序列 1，2，3，4 作为栈 s 的输入，利用 push 和 pop 操作，写出所有可能的输出并编程实现算法。

（6）试写出利用两个堆栈 s_1 和 s_2 模拟一个队列入队、出队和判断队空的运算。

（7）在一个循环队列中，设计一个标志 flag 用于标识是否为空队，在这种情况下，要求循环队列最多可放入 QueueSize 个元素。在此基础上设计出基本队列运算算法。

（8）某汽车轮渡口，过江渡船每次能载 10 辆车过江，过江车辆分为客车类和货车类，上渡船有如下规定：同类车先到先上船；客车先于货车上渡船，且每上 4 辆客车，才允许上一辆货车；若等待客车不足 4 辆，则以货车代替；若无货车等待，则允许客车都上船。试写一个算法模拟渡口管理。

3.4 上机实验题及参考代码

实验题 3.1 顺序栈的入栈算法。

设计一个程序，在一个长度为 M 的顺序栈的栈顶插入一个新结点 x，完成栈的插入。

对应的程序代码如下：

```
#define M 20
#include <stdio.h>
int main()
{
    int stack[M],top,i,x;
    int pushstack(int s[],int x,int top);
    top=0;
    printf("please input the number of stack:\n");
    for(i=0;i<=5;i++)
    scanf("%d",&stack[i]);
    top=i;
    printf("please input x:");
    scanf("%d",&x);
    top=pushstack(stack,x,top);
    printf("top=%d\n",top);
    return 0;
}
int pushstack(int s[],int x,int top)
{
    if(top==M)
        printf("stackfull!");
    else
    {
        s[top++]=x;
```

```
      return(top);
    }
}
```

顺序栈的入栈算法的时间复杂度为 $O(1)$。

实验题 3.2 写一个程序，将一个非负十进制数转换成非十进制（八进制、二进制或者十六进制），并将其打印输出。

```
#define L 10
#include <stdio.h>
int main()
{
    int s[L],N,r;
    void conversion(int s[],int N,int r);
    printf("please input N and r:");
    scanf("%d,%d",&N,&r);
    conversion(s,N,r);
    return 0;
}
void conversion(int s[],int N,int r)
{
    int top=0,x;
    while(N)
    {   s[top++]=N%r;
        N=N/r;
    }
    while(top!=0)
    {
        x=s[--top];
        printf("%d",x);
    }
    printf("\n");
}
```

实验题 3.3 循环队列的入队算法。

设计一个程序，在一个长度为 M 的循环队列中插入一个元素 x，完成循环队列的插入。

对应的程序代码如下：

```
#define M 10
#include <stdio.h>
main()
{
    int cqinsert(int cq[],int x,int fp,int rp);
    int q[M],i,n,x,s;
    int f,r;
    printf("please input n,x :");
    scanf("%d,%d",&n,&x);
    printf("\n");
    printf("please input array elements!");
    for(i=0;i<n;i++)
    scanf("%d",&q[i]);
        f=0;  r=n
    s=cqinsert(q,x,f,n);
```

```
        printf("\n%d\n",s);
}
int cqinsert(int cq[],int x,int fp,int rp)
{
        int i,front,rear;
        front=fp;
        rear=rp;
        if((rear+1)%M==front)
            return 0;
        else
        {
          cq[rear]=x;
          rear=(rear+1)%M;

        }
        for(i=0;i<rear;i++)
            printf("%d",cq[i]);
        return 1;
}
```

实验题 3.4 用栈求解皇后问题。

编写一个程序，求解皇后问题：在 $n×n$ 的方格棋盘上，放置 n 个皇后，要求每个皇后不同行、不同列、不同左右对角线。

要求：

① 皇后的个数 n 由用户输入，其值不能超过 20，输出所有的解。

② 采用类似于栈求解迷宫问题的方法。

对应的程序代码如下：

```
#include <stdio.h>
#include <stdlib.h>
#define MaxSize 100
typedef struct
{   int col[MaxSize];               //col[i]存放第i个皇后的列号
    int top;                        //栈顶指针
}StackType;                         //定义顺序栈类型
void dispasolution(StackType st)    //输出一个解
{   static int count=0;             //静态变量用于统计解个数
    int i;
    printf("第%d个解:",++count);
    for(i=1;i<=st.top;i++)
        printf("(%d,%d)",i,st.col[i]);
        printf("\n");
}
int place(StackType st,int k,int j)  //测试(k,j)是否与1~k-1的皇后有冲突
{   int i=1;
    if(k==1)  return 1;              //放第一个皇后时没有冲突
    while(i<=k-1)                    //测试与前面已放置的皇后是否有冲突
    {   if((st.col[i]==j)||(abs(j-st.col[i])==abs(i-k)))
            return 0;               //有冲突时返回0
        i++;
    }
    return 1;
```

```
    }
    void queen(int n)                        //求解 n 皇后问题
    {   int k, j,find;
        StackType st;                        //定义栈 st
        st.top=0;                            //初始化栈顶指针, 为了让皇后从第 1
                                             //行开始, 不同下标 0

        st.top++;st.col[st.top]=0            //将 (1,0) 进栈
        while (st.top!=0)                    //栈不空时循环
        {   k=st.top;                        //试探栈顶的第 k 个皇后
            find=0;
            for(j=st.col[k]+1;j<=n;j++)      //为第 k 个皇后找一个合适的位置
                if(place(st,k,j))            //在第 k 行找到一个放皇后的位置(k,j)
                {   st.col[st.top]=j;        //修改第 k 个皇后的位置 (新列号)
                    find=1                   //找到一个新位置后设置为 1
                    break;                   //找到后退出 for 循环
                }
                if(find)                     //在第 k 行找到一个放皇后的位置 (k,j)
                {   if(k==n)                 //所有皇后均放好, 输出一个解
                        Dispasolution(st);
                    else                     //还有皇后未放时, 将第 k+1 个皇后进栈
                    {   st.top++;
                        st.col[st.top]=0;    //新进栈的皇后从第 0 列开始试探起
                    }
                }
    else                                     //若第 k 个皇后没有合适位置, 回溯
        st.top--                             //即将第 k 个皇后退栈
        }
    }
    void main()
    {   int n;                               //n 存放实际皇后个数
        printf("皇后问题 (n<20) n=");
        scanf("%d",&n);
        if(n>20)
            printf("n 值太大\n");
        else
        {   printf("%d 皇后问题求解如下:\n",n);
            queen(n);
        }
    }
```

第4章

串 <<<

【重点】
- 串及其基本运算。
- 串的存储结构。

【难点】
- 串的抽象数据类型。
- 串的模式匹配算法。

4.1 重点内容概要

4.1.1 串的基本概念

1. 串的定义

串（String）：是字符串的简称，它是由给定语言的字符集（又称字母表）中的字符组成的有限序列。简单地说，串就是字符序列，也可以定义为串由零个或多个字符组成的有限序列。一般记为：

$$s= \text{“}a_1\,a_2\cdots a_n\text{”}\quad(n\geqslant 0)$$

其中，s 是串的名，用单引号括起来的字符序列是串的值；$a_i(1\leqslant i\leqslant n)$ 可以是字母、数字或其他字符；n 为串中字符的个数。

串长：串中字符的个数。

空串：长度为零的串，即不含有任何字符的串。

子串：串中任意连续的字符组成的子序列称为该串的子串。

主串：包含子串的串称为该子串的主串。

子串的位置：子串的第一个字符在主串中的序号称为子串的位置。

串的相等：当两个串的长度相等，且各个对应位置的字符都相等时称两个串是相等的。

空格串：由一个或多个空格字符组成的串。

2. 串的基本运算

串的基本运算有：

（1）Strassign(s,cstr)。其作用是将一个字符串常量赋给串 s，即生成一个其值等于 cstr 的串 s。

（2）Assign(s,t)。其作用是将串名为 t 的串赋值给串 s。

（3）Strlength(s)。返回串 s 的长度。

（4）Concat(&t,s1,s2)。通过 t 返回由 sl 和 s2 连接在一起形成的新串。

（5）Substring(s,pos,len)。返回串 s 中从第 pos 个字符开始的，由连续 1en 个字符组成的子串。

（6）Replace(s,i,j,t)。其结果是在串 s 中，将第 i 个字符开始的 j 个字符构成的子串用串 t 替换而产生新串。

（7）Dispstr(s)。其结果是输出串 s 的值。

（8）Strinsert(&s,pos,t)。其作用是在串 s 的第 pos 个字符之前插入串 t。

（9）Strdelete(&s,pos,len)。其作用是从串 s 中删除第 pos 个字符起长度为 len 的子串。

4.1.2 串的存储结构

串是线性表的一个特例，用于线性表的存储结构也都适用于串。但由于串的数据元素是单个字符，因此在存储表示上有一定的特殊性。

1. 串的顺序存储与实现

（1）定长顺序存储表示。定长顺序存储（又称顺序串）类似于线性表的顺序存储结构，用一组地址连续的存储单元存储串值的字符序列。

顺序串的类型定义如下：

```
#define Maxlen <最多字符个数>
typedef struct
{
    char ch[Maxlen];    //定义可容纳 Maxlen 个字符的空间
    int len;            //标记当前实际串长
}string;
```

在这种静态存储分配的顺序串上实现串基本运算的函数如下：

① Strassign(s,cstr)。其主要操作是将一个字符串常量 cstr 赋给串 s，也就是生成一个其值等于 cstr 的串 s。

```
void strassign(string &s,char cstr[])
{ int i;
  for(i=0;cstr[i]!='\0';i++)
  s.ch[i]=cstr[i];
  str.1en=i;
}
```

② 赋值 Assign(s,t)。其主要操作是将串名为 t 或串值为 t 的串赋值给串 s。

```
void Assign(string&s,string t)
{ int i;
  for(i=0;i<t.1en;i++)
  s.ch[i]=t.ch[i] ;
  s.1en=t.1en;
}
```

③ 求长 Length(s)。其主要操作是返回串 s 的长度。

```
int stringlength(char s[])
{
```

```
    int i;
    for(i=0;s[i]!='\0';i++)
        ;
    return i;
}
```

④ 连接 Concat(t,sl,s2)。其主要操作是通过 t 返回由 s1 和 s2 连接在一起形成的新串。

```
String Concat(string &t,string sl,string s2)
{ int i;
  t.len=s1.len+s2.len;
  for(i=0;i<s1.len;i++)        //将 s1.ch[O]～s1.ch[s1.len-1]复制到 t
    t.ch[i]=s1.ch[i];
  for(i=0;i<s2.len;i++)        //将 s2.ch[O]～s2.ch[s2.len-1]复制到 t
    t.ch[s1.len+i]=s2.ch[i];
  return t;
}
```

⑤ 求子串 Substring(s,pos,len)。其主要操作是返回串 s 中从第 pos 个字符开始的，由连续 len 个字符组成的子串。

```
string Substring(string s,int pos,int len)
{ string str;
  int k;
  str.len=0;
  if(pos<=0 || pos>Length(s)||len<0 ||pos+len-1>Length(s))
      return str;                //参数不正确时返回空串
  for(k=pos-1;k<pos+len-1;k++)    //将 s.ch[i]～s.ch[i+j]复制到 str
      str.ch[k-pos+1]=s.ch[k] ;
      str.len=len;
  return str;
}
```

⑥ 替换 Replace(s,i,j,t)。其主要操作是在串 s 中，将第 i 个字符开始的 j 个字符构成的子串用串 t 替换而产生的新串。

```
string Replace(string s,int i,int j,string t)
{int k;
 string str;
 str.len=0;
 if(i<=0||i>s.len||i+j-1>length(s))        //参数不正确时返回空串
     return str;
 for(k=0;k<i-1;k++)                //将 s.ch[O]～s.ch[i-2]复制到 str
     str.ch[k]=s.ch[k];
 for(k=0;k<t.len;k++)              //将 t.ch[O]～t.eh[-t.len-1]复制到 str
 str.ch[i+k-1]=t.ch[k];
 for(k=i+j-1;k<s.len;k++)          //将 s.ch[i+j-1]～[s.len-1]复制到 str
     str.ch[t.len+k-j]=s.ch[k];
 str.len=s.len-j+t.len;
 return str;
}
```

⑦ 输出 Dispstr(s)。其主要操作是输出串 s 的所有字符。

```
void Dispstr(string s)
{int i;
 if(s.len==0)
     printf("空串 n");
```

```
    else
      {for(i=0;i<s.1en;i++)
       printf("%c\n",s.ch[i]);
      }
    }
```

⑧ 插入子串 Strinsert(&s,pos,t)。其主要操作是在串 s 的第 pos 个字符之前插入串 t。

```
String *insert(string &s,int pos,string t)
{ int k;
  if(pos>=s->len||s->len+t->len>=m0)   //m0为允许存储字符串的最大长度
     printf("不能插入!\n");
  else
  { for(k=s->len-1;k>=pos;k--)
     s->ch[t->len+k]=s->ch[k];
    for(k=0;k<t->len;k++)
    s->ch[pos+k-1]=t->ch[k];
    s->len=s->len+t->len;
    s->ch[s->len]='\0';
   }
  return s;
}
```

⑨ 删除子串 Strdelete(&s,pos,len)。其主要操作是从串 s 中删除第 pos 个字符起长度为 len 的子串。

```
String * Strdelete(string &s,int pos,int len)
{ int k;
    if(pos+len-1>s->len)   //若 pos,len 的值超出允许的范围,则进行"超界"处理
       printf("超界! \n");
    else
    { for(k=pos+len-1;k<s->len;k++)  //将被删除子串后面的所有字符依次前移 i 个位置
       s->ch[k-len]=s->ch[k];
    s->len=s->len-len;
    s->ch[s->len]='\0';
    }
    return r;
}
```

（2）堆分配存储表示。堆分配存储表示的特点是：仍以一组地址连续的存储单元存放串值字符序列，但它们的存储空间是在程序执行过程中动态分配而得。在 C 语言中，利用动态分配函数 malloc() 和 free() 来管理。利用函数 malloc() 为每个新产生的串分配一块实际串长所需的存储空间。若分配成功，则返回一个指向起始地址的指针，作为串的基址，同时，为了以后处理方便，约定串长也作为存储结构的一部分。

串的堆分配存储表示：

```
typedef struct{
    char *ch;   //若是非空串,则按串长分配存储区,否则 ch 为 NULL
    int len;    //串长度
} Hstring;
```

堆分配存储结构表示时，串的操作仍是基于"字符序列的复制"进行的。

2. 串的链式存储和实现

串的链式存储结构称为链串，链串的组织形式与一般的链表类似。

链串的类型定义如下：

```
typedef struct node{
    char data;
    struct node *next;
    }Lstring;
```

采用带头结点的单链表存储串，每个结点包含一个 char 型数据域和一个 next 链域。在这样的链串上实现串的基本运算的函数如下：

（1）Strassign(s,cstr)。其主要操作是将一个字符串常量 cstr 赋给串 s。

```
void Strassign(Lstring *&s,char cstr[])
{ int i;
  Lstring *r,*p;
  s=(Lstring*)malloc(sizeof(lstring));
  s->next=NULL;
  r=s;
  for(i=0;cstr[i]!='\0';i++)
    { p=(Lstring*)malloc(sizeof(Lstring));
      p->data=cstr[i] ;
      p->next=NULL;
      r->next=p;
      r=p;
    }
}
```

（2）赋值 Assign(s,t)。其主要操作是将串名为 t 或串值为 t 的串赋值给串 s。

```
void Assign(Lstring * &s,Lstring *t)
{ Lstring *p=t->next,*q,*r;
  s=(Lstring*)malloc(sizeof(Lstring));
  s->next=NULL;
  r=s;
  while(p!=NULL)      //将 t 的所有结点复制到 s
    { q=(Lstring*)malloc(sizeof(Lstring));
      q->data=p->data ;
      q->next=NULL;
      r->next=q;
      r=q;
      p=p->next;
    }
}
```

（3）求长 Length(s)。其主要操作是返回串的长度。

```
int Length(Lstring *s)
{ int i=0;
  Lstring *p=s->next;
  while(p!=NULL)
    { i++:
      p=p->next;
    }
  return i;
}
```

（4）连接 Concat(t,sl,s2)。其主要操作是通过 t 返回由 s1 和 s2 连接在一起形成的新串。

```
Lstring * Concat(Lstring * &t,Lstring *sl,Lstring *s2)
{ Lstring *p=sl->next,*q,*r;
```

```
    t=(Lstring*)malloc(sizeof(Lstring)) ;
    t->next=NULL;
    r=t;
    while(P!=NULL)      //将s1的所有结点复制到t
    { q=(Lstring*)malloc(sizeof(Lstring));
      q->data=p->data;
      q->next=NULL;
      r->next=q;
      r=p;
      p=p->next;
    }
    p=s2->next;
    while(p!=NULL)       //将s2的所有结点复制到t
    { q=(Lstring*)malloc(sizeof(Lstring));
      q->data=p->data;
      q->next=NULL;
      r->next=q;
      r=q;
      p=p->next;
    }
}return t;
```

（5）求子串 Substring(s,pos,len)。其主要操作是返回串 s 中从第 pos 个字符开始的连续 len 个子符组成的串。

```
Lstring *substr(Lstring *s,int pos,int len)
{ int k;
  Lstring *str,*p=s->next,*q,*r;
  str=(Lstring*)malloc(sizeof(Lstring));
  str->next=NULL; r=str;
  if(pos<=0 ||pos>Length(s)||len<0 ||pos+len-1>Length(s))
      return str;              //参数不正确时返回空串
  for(k=0;k<pos-1;k++)
      p=p->next;
  for(k=1;k<=len;k++)          //将s的第pos个结点开始的len个结点复制到str
  { q=(Lstring*)malloc(sizeof(Lstring));
    q->data=p->data;
    q->next=NULL;
    r->next=q;
    r=q;
    p=p->next;
  }
  return str;
}
```

（6）替换 Replace(s,i,j,t)。其主要操作是在串 s 中将第 i 个字符开始的 j 个字符构成的子串用串 t 替换而产生的新串。

```
Lstring *Replace(Lstring *s,int i,int j,Lstring *t)
{ int k;
  Lstring *str,*p=s->next,*p1=t->next,*q,*r;
  str=(Lstring*)malloc(sizeof(Lstring));
  str->next=NULL; r=str;
  if(i<=0||i>Length(s)||j<0||i+j-1>Length(s))
      return str;                    //参数不正确时返回空串
```

```
    for(k=0;k<i-1;k++)                //将 s 的前 i-1 个结点复制到 str
    { q=(Lstring*)malloc(sizeof(Lstring));
      q->data=p->data;
      q->next=NULL;
      r->next=q;
      r=q;
      p=p->next;
    }
    for(k=0;k<j;k++)                  //让 p 顺 next 跳 j 个结点
      p=p->next;
      while(pl!=NULL)                 //将 t 的所有结点复制到 str
      {q=(Lstring*)malloc(sizeof(Lstring));
       q->data=p1->data;
       q->next=NULL;
       r->next=q;
       r=q;
       p1=p1->next;
      }
      while(p!=NULL)                  //将 *p 及之后的所有结点复制到 str
      {q=(Lstring*)malloc(sizeof(Lstring));
       q->data=p->data;
       q->next=NULL;
       r->next=q;
       r=q;
       p=p->next;
      }
    return str;
}
```

（7）输出 Dispstr(s)。其主要操作是输出串 s 的所有字符。

```
void Dispstr(Lstring *s)
{ Lstring *p=s->next;
  if(p!=NULL)
      printf("空串\n");
  else
  { while(P!=NULL)
    { printf("%c\n",p->data);
      p=p->next;
    }
  }
}
```

（8）插入子串 Strinsert(& s,pos,t)。其主要操作是在串 s 的第 pos 个字符之前插入
串 t。

```
Lstring *insert(Lstring *s,int pos,Lstring *t)
{ int k;
  Lstring *p,*q;
  p=s;k=1;
  while(k<pos&&p!=NULL)              //查找第 pos 个结点,找到后由 P 所指向
  {p=p->next;
   k++;
  }
  if(p==NULL)
      printf("pos 出错\n");
  else
```

```
    {q=t;                              //查找 t 的最后一个结点,由 q 所指向
     while(q->next!=NULL)
     q=q->next;
     q->next=p->next;                  //把 t 插入进去
     p->next=t;                        //把 t 连接到 P 之后
    }
  return s;
  }
```

（9）删除子串 Strdelete(&s,pos,len)。其主要操作是从串 s 中删除第 pos 个字符起长度为 len 的子串。

```
Lstring *Strdelete(Lstring *s,int pos,int len)
{int k;
 Lstring *P,*q,*r;
 p=s;q=p;k=1;
 while(p!=NULL && k<pos)
 {q=p;           //q 指向 P 的前一个结点
  p=p->next;
  k++ ;
  }
 if(p==NULL)
     printf("pos 出错\n");
 else
 {k=1;
  while(k<len && p!=NULL)            //查找 len 个结点之后的结点
  {p=p->next;
   k++;
   }
  if(p==NULL)
     printf("pos 出错\n");
  else                              //这时 P 指向最后一个要删除的结点
  {r=q->next;                       //r 指向要删除结点的头结点
     q->next=p->next;               //从 s 中删除了所有要删除的结点
     p->next=NULL;
     p=r;
     while(r!=NULL)                 //释放所有删除的结点
     {p=s->next;
      free(s);
      s=p;
      }
   }
  }
 }
return r;
 }
```

4.1.3　串的模式匹配算法

模式匹配：子串的定位操作。

1. 求子串位置的定位函数 Index(s,t,pos)

求子串位置的运算又称串的模式匹配运算。采用定长顺序存储结构，可以写出不依赖于其他串操作的匹配算法，算法的基本思想是：从主串 s 的第 pos 个字符起和模式 t 的第一个字符比较，若相等，则继续逐个比较后续字符，否则从主串 s 的下一个

字符起再重新和模式 t 的字符比较。依此类推，直至模式 t 中的每个字符依次和主串 s 中的一个连续的字符序列相等，则称匹配成功，函数值为和模式 t 中第一个字符相等的字符在主串 s 中的序号，否则称匹配不成功，函数值为 0。

算法如下：

```
int Index(string *s,string *t,int pos)
{int i=pos,j=1;
  while(i<=s.1en && j<=t.1en)
  if(s.ch[i]==t.ch[i])              //继续比较后续字符
    {++i;++j;}
  else                             //指针后退重新开始匹配
  {i=i-j+2;
   j=1;
   }
  if(j>t.1en)
    return(i-t.1en);               //匹配成功
  else
    return -1;                     //匹配不成功
}
```

2. KMP 算法

KMP 算法是由 D.E.Knuth、J.H.Morris 和 V.R.Pratt 等人共同提出的，所以称为 Knuth-Morris-Pratt 算法，简称 KMP 算法。该算法较求子串位置的定位函数(Index)算法有较大改进，主要是消除了主串指针的回溯，从而使算法效率有某种程度的提高。

设 $s=$ " $s_0s_1\cdots s_{n-1}$ "，$t=$ " $t_0t_1\cdots t_{m-1}$ "，当 $s_i\neq t_i(0\leq i\leq n-m，0\leq j<m)$ 时，存在式（4.1）。

$$"t_0t_1\cdots t_{j-1}" = "s_0s_1\cdots s_{j-1}" \tag{4.1}$$

若模式串中存在可互相重叠的真子串满足式（4.2）。

$$"t_0t_1\cdots t_{k-1}" = "t_{j-k}t_{j-k+1}\cdots t_{j-1}" \qquad (0<k<j) \tag{4.2}$$

由式(4.1)说明模式串中的子串 " $t_0t_1\cdots t_{j-1}$ " 已和主串 " $s_{i-k}s_{i-k+1}\cdots s_{i-1}$ " 匹配，下一次可直接比较 s_i 和 t_k，若不存在式(4.2)，则结合式(4.1)说明在 " $t_0t_1\cdots t_{j-1}$ " 中不存在任何以 t_0 为首字符子串与 " $s_{i-j+1}s_{i-j+2}\cdots s_{i-1}$ " 中以 s_{i-1} 为末字符的匹配子串，下一次可直接比较 s_i 和 t_0。

定义 next[j]函数如下：

$$next[j]=\begin{cases} \max\{k|0<k<j，且 "t_0t_1\cdots t_{k-1}" = "t_{j-k}t_{j-k+1}\cdots t_{j-1}"\} & \text{当集合非空时} \\ 0 & \text{其他情况} \\ -1 & \text{当 } j=0 \text{ 时} \end{cases}$$

若模式串 t 中存在真子串 " $t_0t_1\cdots t_{k-1}$ " = " $t_{j-k}t_{j-k+1}\cdots t_{j-1}$ "，且满足 $0<k<j$，则 next[j]表示当模式串 t 中第 j 个字符与主串中相应字符(即 s_i)不相等时，模式串中需重新和主串中该字符 s_i 进行比较的字符位置为 k，即下一次开始比较 s_i 和 t_k；若不存在这样的真子串，且 next[j]=0，则下一次开始比较 s_i 和 t_0；当 j=0 时，令 next[j]=-1，此处-1 为一个标记，表示下一次开始比较 s_{i+1} 和 t_0，称每次进行了模式串的右滑。模式串右滑后若仍有 $s_i\neq t_k$，这个模式串的右滑过程可一直进行，直到 next[j]=-1 时，模式串不再右滑，下一次开始比较 s_{i+1} 和 t_0。简言之，KMP 算法对求子串位置的定位函数(Index)算法的改进就是利用已经得到的部分匹配结果将模式串右滑一段距离再继续比较，而

无须回溯主串指针。

KMP 算法的思想是：设 s 为主串，t 为模式串，并设 i 指针和 j 指针分别指示主串和模式串中正待比较的字符，令 i 和 j 的初值均为 0。若有 $s_i=t_j$，则 i 和 j 分别增 1，否则，i 不变，j 退回到 $j=next[j]$ 的位置（即模式串右滑），比较 s_i 和 t_j；若相等则指针各增 1，否则 j 再退回到下一个 $j=next[j]$ 的位置（即模式串继续右滑），再比较 s_i 和 t_j。依此类推，直到出现下列两种情况之一：一种是 j 退回到某个 $j=next[j]$ 时有 $s_i=t_j$，则指针各增 1 后继续匹配；另一种是 j 退回到 $j=-1$ 时，此时令指针各增 1，即下一次比较 s_{i+1} 和 t_0。

算法如下：

```
int Index_KMP(string *s,string *t,int pos)
{ int i=pos,j=1;
  while(i<=s.1en&&j<=t.1en)
  if(j=0|| s.ch[i]==t.ch[i])          //继续比较后续字符
    { ++i;++j; }
  else
    j=next[j];                         //模式串向右移动
  if(j>t.1en)
    return(i-t.1en);                   //匹配成功
  else
    return -1;                         //匹配不成功
}
void get_next(string *t,int &next[])
{ int i=pos,j=1;
  next[1]=0;
  while(i<t.1en)
   if(j==0|| t.ch[i]==t.ch[j])
   { ++i;++j;
     next[i]=j;
   }
   else
      j=next[j];
}
```

📚 4.2 常见题型及典型题精解

例 4.1 若串 s="software"，其子串的数目是多少？

【例题解答】串 s 中共有 8 个字符，1 个字符的子串有 8 个，两个字符的子串有 7 个，3 个字符的子串有 6 个，4 个字符的子串有 5 个，5 个字符的子串有 4 个，6 个字符的子串有 3 个，7 个字符的子串有 2 个，另有一个空串。因此，子串的数目为 8+7+6+5+4+3+2+1=36。

例 4.2 假定字符串采用定长顺序存储方式，试编写下列算法：

（1）将字符串 s 中所有其值为 ch1 的字符换成 ch2 的字符。

（2）将字符串 s 中所有字符按照相反的次序仍然存放在 s 中。

（3）从字符串 s 中删除其值等于 ch 的所有字符。

（4）从字符串 s 中第 pos 个字符起求出首次与字符串 t 相等的子串的起始位置。

（5）从字符串 s 中删除所有与字符串 t 相同的子串，允许调用第（3）小题和第（4）小题的函数。

【例题解答】

（1）算法的思想：从头到尾扫描 s 串，对于值 ch1 的元素直接替换成 ch2 即可。

算法如下：

```
Status Translation_Str(string &s,char ch1,char ch2)
//将字符串 s 中所有其值为 ch1 的字符换成 ch2 的字符
{ for(i=1;i<=s.len;i++)
  if(s.ch[i]==ch1)
    s.ch[i]=ch2;
  return OK;
}
```

此算法中 for(i=1;i<=s.len;i++)循环的执行次数等于字符串 s 的长度 s.len。设 n=s.len，则算法 Translation_Str 的时间复杂度为 $O(n)$。

（2）算法的思想：将字符串 s 中的第一个元素与最后一个元素交换，第二个元素与倒数第二个元素交换，…如此下去，便将字符串 s 的所有字符反序了。

算法如下：

```
Status Invert_Str(string &s)
//将字符串 s 中所有字符按照相反的次序仍然存放在 s 中
{ char temp;
  n=s.len;
  for(i=1;i<=(n/2);i++)
    {temp=s.ch[i];
     s.ch[i]=s.ch[n-i+1];
     s.ch[n-i+1]=temp;
  return OK;
}
```

此算法中 for(i =1;i<=(n/2);i++)循环的执行次数等于 s.len/2。设 n=s.len，则算法 Invert_Str 的时间复杂度为 $O(n)$。

（3）算法的思想：从头到尾扫描字符串 s，对于等于值 ch 的元素，采用向前移动其后面的元素的方式完成删除。

算法如下：

```
Status Delchar_Str(String &s,char ch)
//从字符串 s 中删除其值等于 ch 的所有字符
{ for(i=1;i<=s.len;i++)
    if(s.ch[i]==ch)
    { for(j=i;j<s.len;j++)
      s.ch[j]=s.ch[j+1];
      s.len=s.len-1;
    }
  return OK;
}
```

在此算法中 for(i=1;i<=s.len;i++)循环的执行次数为 s.len；for(j=i;j<s.len;j++)内循环的执行次数为 s.len-i，最多为 s.len。设 n=s.len，则 Delchar_Str 算法的时间复杂度为 $O(n^2)$。

（4）算法的思想：从第 pos 个元素开始扫描 s，当其元素值与 t 的第一个元素的值相同时，判定它们之后的元素值是否依次相同，直到 t 结束为止；如果都相同则返回，否则继续上述过程直到 s 扫描完为止。

算法如下：

```
int Index_Str(string S,string t,int pos)
//从字符串 s 中的第 pos 个字符起求出首次与字符串 t 相等的子串的起始位置
{int len,i,j,k;
 Len=s.1en-t.1en+1;
 for(i=pos;i<=len;i++)
    for(j=i,k=1;s.ch[j]==t.ch[k];j++,k++)
      if(k==t.1en)
    return i;
 return -1;
}
```

在此算法中 for(i=pos;i<=len;i++)循环的执行次数为 s.len −t.len−pos+2；for(j=i,k=1; s.ch[j]==t.ch[k];j++,k++)内循环的执行次数最多为 t.len。设 n=s.1en,m=t.len 则 IndeX_Str 算法的时间复杂度为 $O(n \times m)$。

（5）算法的思想：从位置 1 开始调用第（4）小题的函数 Index_str，如果找到一个相同子串，则调用 Deletesubstring_Str 算法将其删除，然后再查找后面位置的相同子串，方法与前相同。

算法如下：

```
int Delstring_str(string &s,string t)
//从字符串 s 中删除所有与字符串 t 相同的子串
{int i,j,len,position ;
 i=1;
 len=s.1en-t.1en+1;
 while(i<=len)
    {position=Index_Str(s,t,i);
     if(position!=-1)
    { for(j=position;j<=s.1en-t.len;j++)
     s.ch[i]=s.ch[j+t.1en];
     s.1en=s.1en-t.1en;
     i=position;
     }
    len=s.1en-t.1en+1;          //在做删除操作时,len 也是减少的
    i++;
    }
 return 1;
}
```

在此算法中 while(i<=len)循环的执行次数与字符串 s 的长度有关。for(j=position; j<=s.len-t.len;j++)内循环的执行次数也与字符串 s 的长度有关。n=s.len，则 Delstring_Str 算法的时间复杂度为 $O(n^2)$。

例 4.3　采用顺序存储方式存储串，编写一个函数将串 s1 中的第 i 个字符到第 j 个字符之间的字符（不包括第 i 个和第 j 个字符）用 s2 串替换，函数名为 stuff(s1,i,j,s2)。例如：stuff("abcd",l,3,"xyz")返回"axyzcd"。

【例题解答】算法的思想：先提取 s1 的前 i 个字符 str1，再取第 j 个字符及之后

的所有字符 str2，最后将 str1，s2，str2 连接起来便构成结果串，其算法如下：

```
String stuff(string sl,int i,int j,string s2)
{ string *s;
 int top,k;
 s=(string*)malloc(sizeof(string));
 if(i<=j&&i<s1.len&&j<s1.len)
    { for(k=0;k<i;k++)
      s.ch[k]=s1.ch[k];            //把 s1 的前 i 个字符赋给 s
      s.len=i;
      k=0;
      while(k<s2.len)              //连接 s2 串
      { s.ch[s.len+k]=s2.ch[k];
        k++;
      }
      s.len=s->len+s2.len;
      s.ch[s.len]='\0';
      for(top=s.len,k=j-1;k<s1.len;k++,top++)
      s.ch[top]=s1.ch[k];         //连接 s1 的第 j 个字符及之后的字符
      s.len=top;
      s.ch[s.len]='\0';
    }
 return s;
}
```

例 4.4 采用顺序结构存储串，编写一个函数，求串 s 和串 t 的一个最长的公共子串。

【例题解答】 本算法需要使用三重循环来实现。

```
typedef struct{
   char *data;
   int len;
}string;
int maxsubstr(char *s,char *t,char *r)
 //求 s 和 t 的最长公共子串,存储在串变量 r 中
 { int  i,j,k,num,maxnum,index;
   maxnum=0;
   index=0;
   i=0;
   while(i<s->len)
   { j=0;
     while(j<t->len)
       if(s->data[i]==t->data[i]
         { num=1;
           for(k=1;s->data[i+k]==t->data[j+k];k++)
             num++;
           if(num>maxnum)
             { index=1;
               maxnum=num;
             }
           j=j+num;
           i=0;
         }
       else
```

```
                    j++;
            i++;
        }
    for(i=index,j=0;i<index+maxnum;i++,j++)
        r->data[j]=s->data[i] ;
    return 1;
}
```

例 4.5 若 str 是采用单链表存储的串，编写一个函数将其中的所有 c 替换成 s 字符。

【例题解答】本题采用的算法是：逐一扫描 s 的每个结点，对于每个数据域为 c 的结点修改其元素值为 s。对应的函数如下：

```
Lstring *trans(Lstring *str,char c,char s)
{ Lstring *p;
  p=str;
  while(P!=NULL)
  { if(p->data==c)
    p->data=s;
    p=p->next;
  }
  return str;
}
```

例 4.6 设主串为 s="abcaabbabcabaacbacba"，模式 p="abcabaa"。计算模式 p 的 next 函数值。

【例题解答】模式 p 的 next 函数值如下：

```
    j:  1 2 3 4 5 6 7
模式串:  a b c a b a a
next[j]:0 1 1 1 2 3 2
```

例 4.7 下面关于串的叙述中不正确的是（   ）。

A. 串是字符的有限序列

B. 空串是由空格组成的串

C. 模式匹配是串的一种重要运算

D. 串既可以采用顺序存储，也可以使用链式存储

【例题解答】空串是长度为 0 的串。

【答案】B

例 4.8 串的长度是指（   ）。

A. 串中所含不同字母的个数   B. 串中所含字符的个数

C. 串中所含不同字符的个数   D. 串中所含非空格字符的个数

【例题解答】根据定义，串的长度是指串中所包含字符的个数。

【答案】B

例 4.9 组成串的数据元素只能是_____。

【例题解答】串（即字符串）是一种特殊的线性表，它的数据元素仅有一个字符组成。

【答案】字符

例 4.10 空格串是指_____，其长度等于_____。

【例题解答】空格串又称空白串，是指仅有一个或多个空格组成的串。

【答案】由一个或多个空格组成的串，空格的个数

例 4.11　StrIndex("DATASTRUCTURE", "STR")=_____。

【例题解答】StrIndex(s,t)称为串匹配或串定位操作，其功能是求串 t 在串 s 中的位置。

【答案】5

例 4.12　设 T 和 P 是两个给定的串，在 T 中寻找等于 P 的子串的过程称为_____，又称 P 为_____。

【例题解答】在 T 中寻找等于 P 的子串的过程称为串匹配（或串定位），T 为主串（或正文串），P 为模式（串）。

【答案】串匹配；模式

4.3　学习效果测试

1．填空题

（1）一个字符串相等的充要条件_____和_____。

（2）串是指_____。

（3）在计算机软件系统中，有两种处理字符串长度的方法：第一种是采用_____；第二种是_____。

（4）串的两种最基本的存储方式是_____。

（5）空串是_____，其长度等于_____。

（6）空格串是_____，其长度等于_____。

（7）串是一种特殊的线性表，其特殊性体现在_____。

（8）设有两个串 p 和 q，求 q 在 p 中首次出现的位置的运算是_____。

（9）设 s_1="GOOD"，s_2='␣'，s_3="BYE!"，则 s_1,s_2,s_3 连接后的结果是_____。

（10）设串 s_1="ABCDEFG"，s_2="PQRST"，函数 con(x,y)返回 x 和 y 串的连接串，subs(s,i,j)返回串 s 的从序号 i 的字符开始的 j 个字符组成的子串，len(s)返回串 s 的长度，则 con(subs(s_1,2,len(s_2)),subs(s_1,len(s_2),2))的结果串是_____。

2．简答题

（1）简述一个字符串中子串的构成。

（2）空串和空格串有何区别？字符串中的空格符有何意义？空串在串的处理中有何作用？

（3）若某串的长度小于一个常数，则采用何种存储方式最节省空间？

（4）模式串 p="abaabcac"的 next 函数值序列为多少？

（5）在串运算中的"模式匹配"是常见的，KMP 匹配算法是有用的办法。

① 其基本思想是什么？

② 对模式串 $p(p=p_1p_2\cdots p_n)$求 next 数组时，next[i]是满足什么性质的 k 的最大值或为 0。

3．算法设计题

（1）采用顺序结构存储串 s，编写一个函数删除 s 中第 i 个字符开始的 j 个字符。

（2）采用顺序结构存储串，编写一个函数 substring(s1,s2)，用于判定 s2 是否是 s1 的子串。

（3）写一个算法。将字符串 s2 中的全部字符复制到字符串 s1 中，不能利用 strcopy() 函数。字符串采用堆分存储表示。

（4）已知一个串 s，采用链式存储结构存储，设计一个算法判断其所有元素是否为递增排列的。

（5）假设串的存储结构如下所示，编写算法实现串的置换操作。

```
typedef struct{
   char ch[Max-1];
   int  curlen:
}strp;
```

（6）编写一个函数 char *index(char *str, char *substr)，在字符串 str 中查找子串 substr 最后一次出现位置（不能使用任何字符串标准函数）。

（7）采用顺序结构存储串，编写一个实现串比较运算的函数 strcmp(s，t)，串比较以词典方式进行，当 s 大于 t 时返回 1，s 与 t 相等时返回 0，s 小于 t 时返回-1。

（8）采用顺序结构存储串，编写一个函数计算一个子串在一个字符串中出现的次数，如果该子串不出现则为 0。

4.4　上机实验题及参考代码

实验题 4.1　字符串基本运算典型算法（求字符串长度、字符串连接和求子串）。

设计一个程序，给出串的基本运算在顺序存储结构上的实现算法，串的顺序存储用 C 语言的字符数组表示。

对应的程序代码如下：

```
#define M 100
#define m  30
#define n  30
#include <stdio.h>
#include <string.h>
main()
{
  char t[M],s1[m],s2[n],sub[n];
  int pos,len,l1,l2;
  int strlength(char s[]);
  int concat(char c[],char c1[],char c2[]);
  int substring(char s[],char sub[],int pos,int len);
  printf("please input string s1:");
  gets(s1);
  printf("please input string s2:");
  gets(s2);
  printf("please input position  and length:");
  scanf("%d,%d",&pos,&len);
  l1=concat(t,s1,s2);
```

```
    if(l1==1)
        puts(t);
        printf("\n");
        l2=substring(t,sub,pos,len);
        if(l2==1)
        puts(sub);
}
int strlength(char s[])
{
    int i;
    for(i=0;s[i]!='\0';i++);
    return i;
}
int concat(char c[],char c1[],char c2[])
{
    int m1,n1,j;
    m1=strlength(c1);
    n1=strlength(c2);
    if(m1+n1>M)
        return 0;
    else
    {
        for(j=0;j<m1;j++)
            c[j]=c1[j];
        for(j=0;j<n1;j++)
            c[m1+j]=c2[j];
        c[m1+j]='\0';
        return 1;
    }
}
int substring(char s[],char sub[],int pos,int len)
{
    int mm,k;
    mm=strlength(s);
    if(pos<0||pos>mm)
    return 0;
    if(len<0||pos+len>mm)
    return 0;
    for(k=0;k<len;k++)
    sub[k]=s[pos+k-1];
    return 1;
}
```

实验题 4.2　写一个程序，将一个数字字符串转换成数值，并将其打印输出。

设计一个程序，输入一个数字型字符串转换成数值，并将其打印输出。例如：输入字符串"65432"，转换成数值 65432。

```
#include <stdio.h>
int zhuanhuan(char s[])
{
    int n=0,t=1,i=0;
    if(s[i]=='-')
    {
```

```
            t=-1;
            i++;
        }
    while(s[i])
    {
        n=n*10+s[i]-'0';
        i++;
    }
return n*t ;
}
int main()
{   int c;
    char s[80];
    printf("请输入一个整数字符串:\n");
    gets(s);
    printf("转换后的整数为:\n");
    c=zhuanhuan(s);
    printf("%d\n",c);
}
```

实验题 4.3　编写一个程序，实现在顺序串上字符串的匹配。

设计一个程序，在主串 s 中与子串 t 匹配的子串，若找到则返回其第一次出现的位置，若没有找到则返回 0。

对应的程序代码如下：

```
#define m  30
#define n  15
#include <stdio.h>
#include <string.h>
main()
{
    char s[m],t[n];
    int pos,p;
    int stringlength(char s[]);
    int index(char s[],char t[],int pos);
    printf("please input string s:");
    gets(s);
    printf("please input string t:");
    gets(t);
    printf("please input postion:");
    scanf("%d",&pos);
    printf("\nplease output string s:\n");
    puts(s);
    printf("please output string t:\n");
    puts(t);
    p=index(s,t,pos);
    printf("the string t's  postion is %d\n",p);
}
int stringlength(char s[])
{
    int i;
    for(i=0;s[i]!='\0';i++)
    ;
```

```
    return i;
}
int index(char s[],char t[],int pos)
{
    int i,j,s1,t1;
    i=pos-1;
    j=0;
    s1=stringlength(s);
    t1=stringlength(t);
    printf("%d%d",s1,t1);
    while(i<s1&&j<t1)
    {
        if(s[i]==t[j])
        { ++i;
          ++j;
        }
        else
        { i=i-j+1;
          j=0;
        }
    }
    if(j>=t1)
        return(i-t1+1);
    else
        return 0;
}
```

数组和广义表 <<<

第 5 章

【重点】
- 特殊矩阵的压缩存储的基本思想。
- 特殊矩阵压缩存储的基本操作的实现。
- 广义表的定义及存储。

【难点】
- 特殊矩阵压缩存储算法的实现。

5.1 重点内容概要

5.1.1 数组的定义

从本质上讲，数组是同一类型数据元素的集合，即数组是 $n(n>1)$ 个相同类型数据元素 $a_0,a_1,\cdots,a_{n-1}$ 构成的有限序列，该有限序列中每个数组元素由一个值和一组下标组成。在数组中，各元素之间的关系由下标体现，对于一组有定义的下标，都存在一个与之对应的值，这种下标与值一一对应的关系乃是数组结构的特征，并且一般存储在一块地址连续的内存单元中。数组是具有固定格式和数量的数据有序集，可以看作是线性表的推广，其特点是元素可以是具有某种结构的数据，但属于同一数据类型。比如：一维数组可以看作线性表，二维数组可以看作"数据元素是一维数组"的一维数组，三维数组可以看作"数据元素是二维数组"的一维数组，依此类推。通常在各种高级语言中数组一旦被定义，每一维的大小及上下界都不能改变。因此，对于数组来讲，没有插入和删除运算，关心的只是数组元素的值存储和值检索。在数组中通常做下面两种操作：

（1）取值操作：给定一组下标，读其对应的数据元素。

（2）赋值操作：给定一组下标，存储或修改与其相对应的数据元素。

下面着重介绍二维和三维数组，因为它们的应用较广泛，尤其是二维数组。

5.1.2 数组的存储结构

1. 数组的顺序存储结构

在计算机中，数组通常是用一组连续的存储单元来表示，即所谓的顺序存储分配，数组的这种存储方式是采用计算地址的方法来实现的。

对于一维数组，可视为一个定长的线性表，若数组 a[N] 的每个元素占用 L 个单元，则数组中任意元素 $a[i]$ 的存储地址可用下面的计算公式计算：

$$LOC(a[i]) = LOC(a[0]) + i \times L \ (0 \leqslant i < n)$$

对于多维数组，有两种存储方式：

（1）以行序为主序的顺序存储。在以行序为主序的存储方式中，数组元素按行向量排列，即第 $i+1$ 个行向量紧接在第 i 个行向量之后，并顺序把所有数组元素存放在一块连续的存储单元中。以二维数组 $A_{m \times n}$ 为例，此二维数组的线性排列次序为：

$$a_{00}, a_{01}, \cdots, a_{0n-1}, a_{10}, a_{11}, \cdots, a_{1\ n-1}, \cdots, a_{m-1\ 0}, a_{m-1\ 1}, \cdots, a_{m-1\ n-1}$$

当二维数组第一个数据元素 a_{00} 的存储地址 $LOC(a_{00})$ 和每个数据元素所占用的存储单元 L 确定后，则该二维数组中任一数据元素 a_{ij} 的存储地址可由下列公式计算：

$$LOC(a[i][j]) = LOC(a[0][0]) + (i \times n + j) \times L$$

（2）以列序为主序的顺序存储。在以列序为主序的存储方式中，数组元素按列向量排列，即第 $j+1$ 个列向量紧接在第 j 个列向量之后，并顺序把所有数组元素存放在一块连续的存储单元中。以二维数组 $A_{m \times n}$ 为例，此二维数组的线性排列次序为：

$$a_{00}, a_{10}, \cdots, a_{m-10}, a_{01}, a_{11}, \cdots, a_{m-1\ 1}, \cdots, a_{0\ m-1}, a_{1m-1}, \cdots, a_{m-1\ n-1}$$

当二维数组第一个数据元素 a_{00} 的存储地址 $LOC(a_{00})$ 和每个数据元素所占用的存储单元 L 确定后，则二维数组中任一数据元素 a_{ij} 的存储地址可由下列公式计算：

$$LOC(a[i][j]) = LOC(a[0][0]) + (j \times m + i) \times L$$

一般假设二维数组行下界是 c_1，行上界是 d_1，列下界是 c_2，列上界是 d_2，即数组 $A[c_1, \cdots, d_1, c_2, \cdots, d_2]$，则以行序为主序的求元素地址的公式可改写为：

$$LOC(a[i][j]) = LOC(a[c_1][c_2]) + ((i - c_1) \times (d_2 - c_2 + 1) + (j - c_2)) \times L$$

以列序为主序的求元素地址的公式可改写为：

$$LOC(a[i][j]) = LOC(a[c_1][c_2]) + ((j - c_1) \times (d_1 - c_1 + 1) + (i - c_1)) \times L$$

三维数组 $a[l][m][n]$ 可以看成是 1 个 $m \times n$ 的二维数组。同样，若每一个元素占用 L 个存储单元，假设 L_0 为第一个元素 $a[0][0][0]$ 存储地址，则 $a[i][0][0]$ 的存储地址为 $L_0 + (i \times m \times n) \times L$，因为在该元素之前有 i 个 $m \times n$ 的二维数组。由 $a[i][0][0]$ 的地址和二维数组的地址计算公式便可得到三维数组中任一元素 $a[i][j][k]$ 的地址计算公式：

$$LOC(a[i][j][k]) = L_0 + (i \times m \times n + j \times n + k) \times L$$

其中，$0 \leqslant i \leqslant l-1$，$0 \leqslant j \leqslant m-1$，$0 \leqslant k \leqslant n-1$。

由此可见，数组的维数越高，则数组元素的存储地址的计算量就越大，计算耗费的时间就越多。另外，数组元素的存储地址是其下标的线性函数。这就是说，在一个数组中，任一元素的地址计算所需时间相同，即访问数组中任一元素的时间相等，这说明数组的顺序分配是一种随机存储结构。

2．矩阵的压缩存储

矩阵是科学和工程计算中的数学问题。在此，人们感兴趣的不是矩阵本身，而是关心在计算机中如何表示矩阵，从而使矩阵的运算能有效地进行。显然，用二维数组来表示矩阵是很自然的。这样，利用地址计算公式，就可以快速访问矩阵中的任何元素。但是，在实际应用中，往往会遇到一些特殊矩阵或者大多数元素值为零的稀疏矩阵。

特殊矩阵：值相同的元素或者零元素分布有一定规律的矩阵。

稀疏矩阵：一个阶数较大的矩阵中的非零元素个数相对于矩阵元素的总个数十分小的矩阵。

压缩存储：是指为多个值相同的元素只分配一个存储空间；对零元素不分配空间。其目的是为了节省存储空间。

（1）特殊矩阵：

① 对称矩阵：若 n 阶矩阵 A 中的元素满足性质：$a_{ij}=a_{ji}$。其中，$1 \leqslant i,j \leqslant n_0$，则称其为 n 阶对称矩阵。

由于对称矩阵中的元素关于主对角线对称，因此在存储时可只存储对称矩阵中上三角或下三角中的元素，使得对称的元素共享一个存储空间。这样就可将 n^2 个元素压缩存储到 $n(n+1)/2$ 个元素的空间中，不失一般性，假设以行序为主序存储对称矩阵的下三角（包括对角线）的元素。

假设以一维数组 sa[$0 \cdots n(n+1)/2$] 作为 n 阶对称矩阵 A 的存储结构，则 sa[k] 和 A 中任一元素 a_{ij} 之间存在着一一对应关系。

② 三角矩阵：三角矩阵有上三角矩阵和下三角矩阵两种，上三角矩阵的下三角元素均为常量 c，下三角矩阵则反之。因此重复元素 c 可共享一个存储单元。

上三角矩阵：对于上三角矩阵，以行为主序顺序存储上三角部分，最后存储对角线下方的常量。对于第 1 行，存储 n 个元素，第 2 行存储 $n-1$ 个元素，…，第 p 行存储 $(n-p+1)$ 个元素，a_{ij} 的前面有 $i-1$ 行，共存储：$n+(n-1)+\cdots+(n-i+1)=\sum_{p=1}^{i-1}(n-p)+1=(i-1) \times (2n-i+2)/2$ 个元素，而 a_{ij} 是它所在的行中要存储的第（$j-i+1$）个；因此，它是上三角存储顺序中的第 $(i-1) \times (2n-i+2)/2+(j-i+1)$ 个，它在 SA 中的下标为：$k=(i-1) \times (2n-i+2)/2+j-i$。

综上，sa_k 与 a_{ji} 的对应关系为：

$$k=\begin{cases} (i-1) \times (2n-i+2)/2+j-i & \text{当 } i \leqslant j \\ n \times (n+1)/2 & \text{当 } i > j \end{cases}$$

下三角矩阵：与上三角矩阵类似，不同之处在于存完下三角中的元素之后，紧接着存储对角线上方的常量，因为是同一个常数，所以存一个即可，这样一共存储了 $n \times (n+1)/2+1$ 个元素，设存入向量 SA[$n \times (n+1)/2+1$] 中，这种存储方式可节约 $n \times (n-1)/2-1$ 个存储单元，sa_k 与 a_{ji} 的对应关系为：

$$k=\begin{cases} i \times (i-1)/2+j-1 & \text{当 } i \geqslant j \\ n \times (n+1)/2-1 & \text{当 } i < j \end{cases}$$

③ 对角矩阵：若一个 n 阶方阵满足所有非零元素都集中在以主对角线为中心的带状区域中，区域外的值全为 0，则称为 n 阶对角矩阵。常见的有三对角矩阵、五对角矩阵、七对角矩阵等。

（2）稀疏矩阵：

稀疏矩阵的三元组顺序表：稀疏矩阵的压缩存储方法是只存储非零元素。由于稀疏矩阵中非零元素的分布没有任何规律，所以在存储非零元素时还必须同时存储该非零元素所对应的行下标和列下标。这样稀疏矩阵中每一个非零元素需由一个三元组（i，j，a_{ij}）唯一确定，稀疏矩阵中的所有的非零元素构成三元组线性表。

假设有一个6×6的稀疏矩阵 A，A 中的元素如图5.1所示。其对应的三元组顺序表如图5.2所示。

$$A = \begin{pmatrix} 15 & 0 & 0 & 22 & 0 & -15 \\ 0 & 8 & 3 & 0 & 0 & 0 \\ 0 & 0 & 0 & 6 & 0 & 0 \\ 0 & 0 & 0 & 0 & 0 & 0 \\ 0 & 0 & 0 & 0 & 0 & 0 \\ 0 & 0 & 0 & 0 & 0 & 0 \end{pmatrix}$$

图 5.1　稀疏矩阵

	i	j	v
1	1	1	15
2	1	4	22
3	1	6	-15
4	2	2	8
5	2	3	3
6	3	4	6

图 5.2　三元组顺序表

若把稀疏矩阵的三元组线性表按顺序存储结构存储，则称为三元组顺序表。
三元组顺序表的数据结构可以定义如下：

```
#define MaxSize <矩阵中非零元的最大个数>
typedef struct{
    int row;                    // 行下标
    int col;                    // 列下标
    ElemType e;                 // 元素值
}Triplet;                       // 三元组定义
typedef struct{
    Triple data[MaxSize+1];     // 非零元素的三元组表,data[0]未用
    int rows;                   // 行数值
    int cols;                   // 列数值
    int nums;                   // 非零元素个数
}table;                         // 三元组顺序表定义
```

其中，data 域中表示的非零元素的三元组若以行序为主序顺序排列，则是一种下标按行列有序存储结构。这种有序存储结构可简化大多数矩阵运算算法。下面讨论假设 data 按行列有序存储。

3. 矩阵运算

矩阵运算通常包括矩阵转置、矩阵加、矩阵减、矩阵乘等。这里讨论矩阵基本运算和转置运算算法。

（1）从一个二维矩阵创建其三元组表示：以行列方式扫描二维矩阵 A，将其非零元素插入三元组 t 的后面。算法如下：

```
void create(table &t,ElemType A[M][N])
{ int i,j;
```

```
    t.rows=M;t.cols=N;t.nums=0;
    for(i=0;i<M;i++)
     for(j=0;j<N;j++)
       if(A[i][j]!=0)
       { t.data[t.nums].row=i;
         t.data[t.nums].col=j;
         t.data[t.nums].e=A[i][j];
         t.nums++;
       }
}
```

（2）给三元组元素赋值：先在三元组 t 中找到适当的位置 k，将 k~t.nums 元素后移一位，将指定的元素插入 t.data[k]处。算法如下：

```
int value( table &t,ElemType x,int rs,nt cs)
{ int i,k=0;
  if(rs>=t.rows||cs>=t.nums)
     return 0;
  while(k<t.nums&&rs>t.data[k].row)  k++;       //找行
  while(k<t.nums&&cs>t.data[k].col)  k++;       //找列
  if(t.data[k].row==rs&& t.data[k].col==cs)     //存在这样的元素
     t.data[k].e=x;
  else
  { for(i=k;i<t.nums;i++)
    { t.data[i+1].row=t.data[i].row;
      t.data[i+1].col=t.data[i].col;
      t.data[i+1].e=t.data[i].e;
    }
  t.data[k].row=rs;
  t.data[k].col=cs;
  t.data[k].e=x;
  t.nums++;
  }
  return 1;
}
```

（3）将指定位置的元素值赋给变量：先在三元组 t 中找到指定的位置，将该处的元素值赋给 x。算法如下：

```
int assign(table t,ElemType &x,int rs,int cs)
{ int k=0;
   if(rs>=t.rows||cs>=t.cols)
     return 0;
   while(k<t.nums&&rs>t.data[k].row)  k++;
   while(k<t.nums&&cs>t.data[k].col)  k++;
   if(t.data[k].row==rs&& t.data[k].col==cs)
   { x=t.data[k].e;
     return 1;
   }
   else
   return 0;
}
```

（4）输出三元组矩阵：从头到尾扫描三元组 t，依次输出元素值。算法如下：

```
void dispt(table t)
{ int i;
```

```
  if(t.nums<=0)
    return;
  printf("----rows----cols----nums\n") ;
  printf("-------------\n") ;
  for(i=0;i<t.nums;i++)
    printf("%8d%8d%8d\n",t.data[i].row,t.data[i]col,t.data[i].e);
}
```

（5）矩阵转置：对于一个 M×N 的矩阵 $A_{M,N}$，其转置矩阵是一个 N×M 的矩阵，设为 $B_{N,M}$，满足 $a_{i,j}=b_{j,i}$，其中 $1\leqslant i\leqslant M$，$1\leqslant j\leqslant N$。其完整的转置算法如下：

```
void trantup(table t,table &tb)
{ int p,q=0,v;                        //q 为 tb.data 的下标
  tb.rows=t.cols;tb.cols=t.rows;tb.nums=t.nums;
  if(t.nums!=0)
  { for(v=0;v<t.cols;v++)             //tb.data[q]中的记录以 j 域的次序排序
      for(p=0;p<t.nums;p++)           //p 为 t.data 的下标
      if(t.data[p].col==v)
      { tb.data[q].row=t.data[p].col;
        tb.data[q].col=t.data[p].row;
        tb.data[q].e=t.data[p].e;
        q++;
      }
  }
}
```

由二维数组存储一个 m 行 n 列矩阵时，其转置算法的时间复杂度为 $O(m×n)$。若稀疏矩阵中的非零元素个数和 $m×n$ 同数量级时，上述转置算法的时间复杂度就为 $O(m×n^2)$。对别的几种矩阵运算也是同样。可见，常规的非稀疏矩阵应采用二维数组存储，只有当矩阵中非零元素个数 t 满足 $t\ll m×n$ 时，方可采用三元组顺序表存储结构。这个结论也同样适用于下面要讨论的三元组的十字链表。

4．十字链表

在矩阵足够稀疏的情况下，若非零元素的个数在运算过程中保持不变，如转置运算，则用三元组顺序表作为存储结构，可以节省存储空间和加快运算速度。但是，矩阵在进行加法、减法和乘法之类的运算时，由于矩阵中的非零元素个数会发生变化，所以表示稀疏矩阵的三元组顺序表与其他顺序分配结构一样，必将引起数据元素的大量移动。此时，采用链式存储结构更为恰当。用十字链表来存储稀疏矩阵可克服三元组顺序表的不足。十字链表为稀疏矩阵的每一行设置一个单独链表，同时也为每一列设置一个单独链表。这样稀疏矩阵的每一个非零元素就同时包含在两个链表中，即每一个非零元素同时包含在所在行的行链表中和所在列的列链表中。这就大大降低了链表的长度，方便了算法中行方向和列方向的搜索，因而大大降低了算法的时间复杂度。

对于一个 $m×n$ 的稀疏矩阵，链表中的每个非零元可以用一个含五个域的结点表示，结点结构可以设计成如图 5.3 所示结构。其中 row，col 和 val 分别代表非零元素所在的行、列和非零元素的值，也就是非零元素的三元组。向右域 right 用以链接同一行中下一个非零元素，向下域 down 用以连接同一列中下一个非零元素。同一行中的非零元素通过 right 域连接成一个线性（行）链表，同一列中的非零元

素通过 down 域连接成一个线性(列)链表。对稀疏矩阵的每个非零元素来说，它既是某个行链表中的一个结点，同时又是某个列链表中的一个结点。整个矩阵构成了一个十字交叉的链表，可用两个分别存储行链表的头指针和列链表的头指针的一维数组表示。

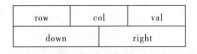

图 5.3　结点结构

十字链表的结点类型可用 C 语言定义如下：

```c
typedef struct node
{
  int row,col;
  anytype val;
  struct node *down,*right;
}NODE;
```

5.1.3　广义表的定义

1. 广义表的定义

广义表简称表，它是线性表的推广。一个广义表是 $n(n{\geqslant}0)$ 个元素 a_1，a_2，…，a_i，…，a_n 的一个序列，当 $n=0$ 时则称为空表。设 a_i 为广义表的第 i 个元素，则广义表 LS 的一般表示与线性表相同，广义表一般记作：

$$LS = （a_1,a_2,\cdots,a_i,\cdots,a_n）$$

其中，LS 是广义表的名称，n 是它的长度。每个 $a_i(1{\leqslant}i{\leqslant}n)$ 是 LS 的成员，它可以是单个元素，也可以是一个广义表，分别称为广义表 LS 的单元素和子表。为清楚起见，一般用小写字母表示原子，用大写字母表示广义表的名称。当广义表 LS 非空时，称第一个元素 a_1 为 LS 的表头（Head），称其余元素组成的表 $(a_2,\cdots,a_i,\cdots,a_n)$ 为 LS 的表尾（Tail）。显然，广义表是一种递归的数据结构。

一些广义表的例子如下：

$A=(\ )$：A 是一个空表，它的长度为零。

$B=(e)$：列表 B 只有一个原子 e，B 的长度为 1。

$C=(a,(b,c,d))$：列表 C 的长度为 2，两个元素分别为原子 a 和子表 (b,c,d)。

$D=(A,B,C)=((),(e),(a,(b,c,d)))$：列表 D 的长度为 3，三个元素都是列表。

$E=(a,E)=(a,(a,(a,\cdots)))$：这是一个递归的表，它的长度为 2。

$F = (())$：列表的长度为 1，只有一个元素为子表。

2. 广义表的性质

从广义表的定义可推出的三个重要结论：

（1）广义表是一种多层次的数据结构，可以用图形象地表示。例如图 5.4 表示的是列表 D。广义表的元素可以是单元素，也可以是子表，而子表的元素还可以是子表。

（2）广义表可以是递归的表。广义表的定义并没有限制元素的递归，即广义表也可以是其自身的子表。例如表 E 就是一个递归的表。

（3）广义表可以为其他表所共享。例如，表 A、表 B、表 C 是表 D 的共享子表。在 D 中可以不必列出子表的值，而用子表的名称来引用。

广义表的上述特性对于它的使用价值和应用效果起到了很大的作用。

广义表可以看成是线性表的推广，线性表是广义表的特例。广义表的结构相当灵活，在某种前提下，它可以兼容线性表、数组、树和有向图等各种常用的数据结构。

当二维数组的每行（或每列）作为子表处理时，二维数组即为一个广义表。

另外，树和有向图也可以用广义表来表示。

由于广义表不仅集中了线性表、数组、树和有向图等常见数据结构的特点，而且可有效地利用存储空间，因此在计算机的许多应用领域都有成功使用广义表的实例。

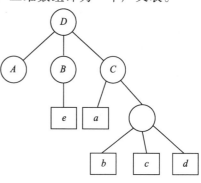

图 5.4　列表的图形表示

3．广义表的基本运算

广义表有两个重要的基本操作，即取头操作（Head）和取尾操作（Tail）。

根据前述对表头、表尾的定义可知：任何一个非空列表其表头可能是原子，也可能是列表，而其表尾必定为列表。例如：

A 无表头、表尾。

$\text{head}(B)=e$，$\text{tail}(B)=(\ )$

$\text{head}(C)=a$，$\text{tail}(C)=((b,c,d))$

$\text{head}(D)=A=()$，$\text{tail}(D)=((e),\ (a,(b,c,d)))$

$\text{head}(E)=a$，$\text{tail}(E)=(E)$

$\text{head}(F)=()$，$\text{tail}(F)=()$

此外，在广义表上可以定义与线性表类似的一些操作，如建立、插入、删除、拆开、连接、复制、遍历等。

基本运算如下：

CreateLists(ls)：根据广义表的书写形式创建一个广义表 LS。

IsEmpty(ls)：若广义表 LS 空，则返回 True；否则返回 False。

Length(ls)：求广义表 LS 的长度。

Depth(ls)：求广义表 LS 的深度。

Locate(ls,x)：在广义表 LS 中查找数据元素 x。

Merge(ls1,ls2)：以 LS1 为头、LS2 为尾建立广义表。

CopyGList(ls1,ls2)：复制广义表，即按 LS1 建立广义表 LS2。

Head(ls)：返回广义表 LS 的头部。

Tail(ls)：返回广义表的尾部。

4．广义表的深度

通常称一个广义表中括号嵌套的最大层数为广义表的深度。在图形表示中，广义表深度是指从树根结点到每个树枝结点所经过的结点个数的最大值。如图 5.4 中表 A

和表 B 的深度为 1，表 C 和表 D 的深度分别为 2 和 3。

5.1.4　广义表的存储结构

广义表是一种递归的数据结构，因此很难为每个广义表分配固定大小的存储空间，所以其存储结构只好采用动态链接结构。

在广义表中，由于列表中的数据元素可能为原子或列表，由此需要两种结构的结点，用以表示列表：一种是表结点，用以表示列表；另一种是原子结点，用以表示原子。

为了使子表和原子两类结点既能在形式上保持一致，又能进行区别，可采用如下结构形式：

其中，tag 域为标志字段，用于区分两类结点。若 tag=0，表示该结点为原子结点，atom 存储原子结点的值；若 tag=1，表示该结点为表结点，hp 是指示表头的指针域，tp 是指示表尾的指针域。

按结点形式的不同，广义表的链式存储结构又可以分为不同的两种存储方式：一种称为头尾表示法；另一种称为孩子兄弟表示法。

下面介绍头尾表示法。

若广义表不空，则可分解成表头和表尾；反之，一对确定的表头和表尾可唯一地确定一个广义表。头尾表示法就是根据这一性质设计而成的一种存储方法。

由于广义表中的数据元素既可能是列表也可能是单元素，相应地在头尾表示法中结点的结构形式有两种：一种是表结点，用以表示列表；另一种是元素结点，用以表示单元素。在表结点中应该包括一个指向表头的指针和指向表尾的指针；而在元素结点中应该包括所表示单元素的元素值。为了区分这两类结点，在结点中还要设置一个标志域，如果标志为 1，则表示该结点为表结点；如果标志为 0，则表示该结点为元素结点。其形式定义说明如下：

```
typedef  enum {ATOM,LIST} Elemtag; /*ATOM=0:单元素;LIST=1:子表*/
typedef  struct  GLNode {
    Elemtag  tag;                 /*标志域,用于区分元素结点和表结点*/
    union {                       /*元素结点和表结点的联合部分*/
      datatype  data;             /*data 是元素结点的值域*/
      struct {
        struct GLNode *hp, *tp
      }ptr;                       /*ptr 是表结点的指针域,ptr.hp 和 ptr.tp 分别*/
                                  /*指向表头和表尾*/
    };
}*GList;                          /*广义表类型*/
```

对于 5.1.3 中所列举的广义表 A、B、C、D、E、F，若采用头尾表示法的存储方式，其存储结构如图 5.5 所示。

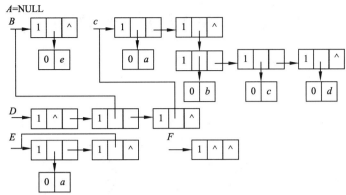

图 5.5 广义表的头尾表示法存储结构示意图

5.1.5 广义表的基本操作实现

以头尾表示法存储广义表，讨论广义表的有关操作的实现。由于广义表的定义是递归的，因此相应的算法一般也都是递归的。

1．广义表的取头、取尾

```
GList Head(GList ls)
{
    if(ls->tag==1)
    p=ls->hp;
    return  p;
}
GList Tail(GList ls)
{
    if (ls->tag==1)
    p=ls->tp;
    return  p;
}
```

2．求广义表的深度

广义表深度的递归定义是它等于所有子表中表的最大深度加 1，若一个表为空或仅由单元素所组成，则深度为 1。求广义表深度的递归函数 depth()。

```
int Depth(GList ls)
{
    if(!ls)
      return  1;                  /*空表深度为 1*/
    if(ls->tag==0)
      return  0;                  /*单元素深度为 0*/
    for(max=0,p=ls;p;p=p->ptr.tp)
    {
      dep=Depth(p->ptr.hp);       /*求以 p->ptr.hp 尾头指针的子表深度*/
      if(dep>max)  max=dep;
    }
    return max+1;                 /*非空表的深度是各元素的深度的最大值加 1*/
}
```

📚 5.2 常见题型及典型题精解

例 5.1 假设以行序为主序存储二维数组 $A[100][100]$，设每个数据元素占 2 个存储单元，基地址为 10，则 $LOC(A[4][4])=$（　　　）。

    A. 808   B. 818   C. 1010   D. 1020

【例题解答】 按行优先方式存储时，$A[4][4]$ 的前面已经存放了 404（$4\times100+4$）个元素，它们共占用了 $404\times2=808$ 字节，所以 $A[4][4]$ 的起始地址为 818，此题答案选 B。

例 5.2 对稀疏矩阵进行压缩存储目的是（　　　）

    A. 便于进行矩阵运算   B. 便于输入和输出

    C. 节省存储空间   D. 降低运算时间的复杂度

【例题解答】 很多科学管理及工程计算中，常会遇到阶数很高的大型稀疏矩阵。如果按常规分配方法，顺序分配在计算机内，那将是相当浪费内存的。如果仅仅存放非零元素，可以节约存储空间。此题答案选 C。

例 5.3 已知广义表 $L=((x,y,z),a,(u,t,w))$，从 L 表中取出原子项 t 的运算是（　　　）。

    A. head(tail(tail(L)))   B. tail(head(head(tail(L))))

    C. head(tail(head(tail(L))))   D. head(tail(head(tail(tail(L)))))

【例题解答】 根据取表头、取表尾操作的定义，应为 D。

例 5.4 广义表 $A=(a,b,(c,d),(e,(f,g)))$，则式子和 head(tail(head(tail(tail(A)))))的值为（　　　）。

    A. (g)   B. (d)   C. c D. d

【例题解答】 根据取表头、取表尾操作的定义，上式的值为 d，所以答案选 D。

例 5.5 下面说法不正确的是（　　　）。

    A. 广义表的表头总是一个广义表 B. 广义表的表尾总是一个广义表

    C. 广义表难以用顺序存储结构   D. 广义表可以是一个多层次结构

【例题解答】 广义表是一种多层次的数据结构，广义表的元素可以是单元素，也可以是子表；由于广义表中的数据元素可以具有不同的结构，因此难以用顺序的存储结构来表示；根据广义表的表头、表尾的定义可知，对于任意一个非空的广义表，其表头可能是单元素也可能是列表，而表尾必为广义表。所以答案选 A。

例 5.6 广义表 $(a,(a,b),d,e,((i,j),k))$ 的长度是（　　　），深度是（　　　）。

【例题解答】 根据广义表长度和深度的定义，上式的长度为 5，深度为 3。

例 5.7 设二维数组 $A[5][6]$ 的每个元素占 4 字节，已知 $LOC(a_{00})=1000$，A 共占多少字节？A 的终端结点 a_{45} 的起始地址为多少？按行和按列优先存储时，a_{25} 的起始地址分别是多少？

【例题解答】 因为 $4\times5\times6=120$，所以二维数组 $A[5][6]$ 共占 120 字节；$LOC(a_{45})=1000+120-4=1116$。

按行优先时 $LOC(a_{25})=1000+4\times(2\times6+5)=1068$。

按列优先时 $LOC(a_{25})=1000+4\times(5\times5+2)=1108$。

例 5.8 设广义表 $L=((),())$；试问 head(L)、tail(L)、L 的长度、深度各为多少？

【例题解答】head(L)=()；tail(L)=(())；L 的长度为 2，深度为 2。

例 5.9 设有二维数组 $A(6×8)$，每个元素占 6 字节存储，实现存放，$A_{0,0}$ 的起始地址为 1000，计算：

（1）数组 A 的存储量。

（2）数组的最后一个元素 $A_{5,7}$ 的起始地址。

（3）按行优先存放时，元素 $A_{1,4}$ 的起始地址。

（4）按列优先存放时，元素 $A_{4,7}$ 的起始地址。

【例题解答】

（1）数组 A 的存储量=6×8×6=288B(字节)。

（2）因为：

LOC($A_{0,0}$)=1000,b_2=8,i=5,j=7,L=6。

LOC($A_{i,j}$)=LOC($A_{0,0}$)+($b_2×i+j$)×L=1000+(8×5+7)×6=1282。

所以，数组的最后一个元素 $A_{5,7}$ 的起始地址为 1282。

（3）因为：

LOC($A_{0,0}$)=1000,b_2=8,i=1,j=4,L=6；

LOC($A_{i,j}$)=LOC($A_{0,0}$)+($b_2×i+j$)×L=1000+(8×1+4)×6=1072。

所以，按行优先存储时，元素 $A_{1,4}$ 的起始地址为 1072。

（4）因为：

LOC($A_{0,0}$)=1000,b_1=6,i=4,j=7,L=6；

LOC($A_{i,j}$)=LOC($A_{0,0}$)+($b_1×j+i$)×L=1000+(6×7+4)×6=1276。

所以，按列优先存储时，元素 $A_{4,7}$ 的起始地址为 1276。

例 5.10 一个 $n×n$ 的对称矩阵，如果以行或列为主序存入内存，则其容量为多少？

【例题解答】若采取压缩存储，其容量为 $n(n+1)/2$；若不采用压缩存储，其容量为 n^2。

例 5.11 若有数组 $A[4][4]$，把 1～16 的整数分别按顺序放入 $A[0][0]$，…，$A[0][3]$，$A[1][0]$,…,$A[1][3]$,$A[2][0]$,…,$A[2][3]$,$A[3][0]$,…,$A[3][3]$ 中，编写一个函数获取数据并求出两条对角线元素的乘积。

【例题解答】数组 $A[4][4]$ 中一条对角线是 $A[i][i]$（$0 \leqslant i \leqslant 3$）；另一条对角线是 $A[3-i][i]$（$0 \leqslant i \leqslant 3$），因此用循环扫描两条对角线中的每个元素，依次计算其乘积。

其实现该功能的函数如下：

```
void mmult( )
{ int  A[4][4];
  int  i,s;
  for(i=0;i<4;i++)
  for(j=0;j<4;j++)
    scanf("%d",&A[i][j]);
    s=1;
  for(i=0;i<4;i++)
    s=s*A[i][i];              //求第一条对角线之积
    for(i=0;i<4;i++)
    s=s*A[3-i][i]             //累加第二条对角线之积
  printf("两条对角线元素之积:%d\n",s);
}
```

例 5.12 若矩阵 $A_{m \times n}$ 中存在某个元素 a_{ij} 满足：a_{ij} 是第 i 行中最小值且是第 j 列中的最大值，则称该元素为矩阵 A 的一个鞍点。试编写一个算法，找出 A 中的所有鞍点。

【例题解答】基本思想：在矩阵 A 中求出每一行的最小值元素，然后判断该元素它是否是它所在列中的最大值，是则打印出，接着处理下一行。矩阵 A 用一个二维数组表示。

算法如下：

```
void  saddle (int A[ ][ ],int m, int n)
/*m,n是矩阵A的行和列*/
{ int i,j,min;
  for(i=0;i<m;i++)   /*按行处理*/
  { min=A[i][0]
    for(j=1;j<n;j++)
    if(A[i][j]<min ) min=A[I][j];   /*找第i行最小值*/
    for(j=0;j<n;j++)   /*检测该行中的每一个最小值是否是鞍点*/
    if(A[I][j]==min)
    { k=j;p=0;
      while(p<m && A[p][j]<min)
        p++;
      if(p>=m)
        printf(" %d,%d,%d\n" ,i,k,min);
    } /* if */
  } /*for i*/
}
```

算法的时间性能为 $O(m \times (n+m \times n))$。

例 5.13 设有稀疏矩阵 A(见图 5.6)，求：

（1）将稀疏矩阵 A 表示成三元组表。

（2）将稀疏矩阵 A 表示成十字链表。

$$A = \begin{pmatrix} 5 & 0 & 0 & 7 \\ 0 & 3 & 0 & 9 \\ 4 & 0 & 0 & 0 \end{pmatrix}$$

图 5.6　稀疏矩阵

【例题解答】

（1）稀疏矩阵 A 的三元组表如图 5.7 所示。

	i	j	e
A.data[0]	3	4	5
A.data[1]	1	1	5
A.data[2]	1	4	7
A.data[3]	2	2	3
A.data[4]	2	4	9
A.data[5]	3	1	4

图 5.7　矩阵 A 的三元组表

（2）稀疏矩阵 **A** 的十字链表表示如图 5.8 所示。

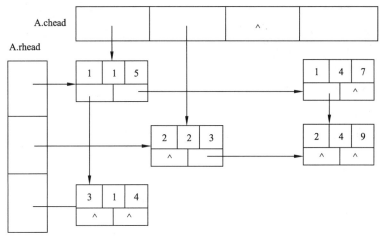

图 5.8　矩阵 **A** 的十字链表表示

5.3　学习效果测试

1．单项选择题

（1）二维数组 *A* 行下标 *i* 的范围从 1 到 12，列下标 *j* 的范围从 3 到 10，采用行序为主序存储，每个数据元素占用 4 个存储单元，该数组的首地址(即 *A*[1][3] 的地址)为 1200，则 *A*[6][5] 的地址为（　　　）。

　　　A．1400　　　　　　　B．1404　　　　　　　C．1372　　　　　D．1368

（2）二维数组 *M* 的元素是 4 个字符(每个字符占一个存储单元)组成的串，行下标 *i* 的范围从 0 到 4，列下标 *j* 的范围从 0 到 5，*M* 按行存储时元素 *M*[3][5] 的起始地址与 *M* 按列存储时元素（　　　）的起始地址相同。

　　　A．*M*[2][4]　　　　　B．*M*[3][4]　　　　　C．*M*[3][5]　　　D．*M*[4][4]

（3）数组 *A* 中，每个元素 *A* 的长度为 3 字节，行下标 *i* 从 1 到 5，列下标 *j* 从 1 到 6，从首地址 SA 开始连续存放在存储器内，存放该数组至少需要的单元数是(　　　)。

　　　A．90　　　　　　　　B．70　　　　　　　　C．50　　　　　D．30

（4）有一个 *M*×*N* 的矩阵 *A*，若采用行序为主序进行顺序存储，每个元素占用 8 字节。则 $A_{ij}(1 \leqslant i \leqslant M, 1 \leqslant j \leqslant N)$ 元素的相对字节地址(相对首元素地址而言)为(　　　)。

　　　A．$((i-1) \times N+j) \times 8$　　　　　　　　B．$((i-1) \times N+j-1) \times 8$

　　　C．$(i \times N+j-1) \times 8$　　　　　　　　D．$((i-1) \times N+j+1) \times 8$

（5）有一个 *N*×*N* 的下三角矩阵 *A*，若采用行序为主序进行顺序存储，每个元素占用 *k* 个字节，则 $A_{ij}(1 \leqslant i \leqslant N, 1 \leqslant j \leqslant i)$ 元素的相对字节地址(相对首元素地址而言)为（　　　）。

　　　A．$(i \times (i+1)/2+j-1) \times 4$　　　　　　B．$(i \times i/2+j) \times 4$

　　　C．$(i \times (i-1)/2+j-1) \times 4$　　　　　　D．$(i \times (i-1)/2+j) \times 4$

（6）稀疏矩阵一般的压缩存储方法有两种，即（　　　）。

A. 二维数组和三维数组   B. 三元组和散列

C. 散列和十字链表   D. 三元组和十字链表

（7）若采用三元组压缩技术存储稀疏矩阵，只要把每个元素的行下标和列下标互换，就完成了对该矩阵的转置运算，这种观点（   ）。

A. 正确   B. 错误

（8）设矩阵 A 是一个对称矩阵，为了节省存储，将其下三角部分按行序存放在一维数组 B(下标从 1 到 $n(n-1)/2$)中，对下三角部分中任一元素 $a_{ij}(i \geq j)$，在一维数组 B 的下标位置 k 的值是（   ）。

A. $i \times (i-1)/2+j$ B. $i \times (i-1)/2+j-1$

C. $i \times (i+1)/2+j$ D. $i \times (i+1)/2+j-1$

（9）广义表 $((a,b),c,d)$ 的表头是（   ），表尾是（   ）。

A. a B. b C. (a,b) D. (c,d)

（10）一个广义表的表头总是一个广义表，这个断言是（   ）。

A. 正确的   B. 错误的

2．填空题

（1）二维数组 $A[10][20]$ 采用列序为主方式存储，每个元素占一个存储单元，并且 $A[0][0]$ 的存储地址是 200，则 $A[6][12]$ 的地址是_____。

（2）一个 $N \times N$ 的对称矩阵，如果以行序为主序或以列为主序存入内存，则其存储容量为_____。

（3）有一个 10 阶对称矩阵 A，采用压缩存储方式（以行序为主存储，且 $A[0][0]=1$），则 $A[4][3]$ 的地址是_____。

（4）有一个 8×8 的下三角矩阵 A，若采用行序为主序进行顺序存储于一维数组 $a[N]$ 中，则 N 的值为_____。

（5）有一个 10×10 的下三角矩阵 A，若采用行序为主序进行顺序存储于一维数组 $n[N]$ 中，则 $A_{5,4}(1 \leq i \leq 10, 1 \leq j \leq i)$ 存储于 A 中的下标位置为_____。

（6）一个广义表为 $(a,(a,b),d,e,((i,j),k))$，则该广义表的长度为_____，深度为_____。

（7）广义表 $((a),((b),c),(((d))))$ 的表头是_____，表尾是_____。

（8）已知广义表 $A=((a,b,c),(d,e,f))$，则广义表运算 head(tail(tail(A)))=_____。

（9）已知广义表 GL=$(a,(b,c,d),e)$，运用 head()和 tail()函数取出 GL 中的原子 b 的运算是_____。

3．简答题

（1）试叙述一维数组与有序表的异同。

（2）设二维数组 $A[5][6]$ 的每个元素占 4 字节，已知 $LOC(a_{0,0})=1000$，A 共占多少字节？A 的终端结点 $a_{4,5}$ 的起始地址为多少？按行和列优先存储时，$a_{2,5}$ 的起始地址分别是多少？

（3）特殊矩阵和稀疏矩阵哪一种压缩存储后会失去随机存取的功能?为什么?

（4）已知 n 阶下三角矩阵 A（当 $i<j$ 时，有 $a_{ij}=0$），按照压缩存储的思想，可以将

其主对角线以下所有元素（包括主对角线上的元素）一次存放于一维数组 B 中。请写出从第一列开始，采用列序为主序分配方式时，在 B 中确定元素 a_{ij} 存放位置的公式。

（5）稀疏矩阵的三元组表存储结构中，记录的域 rows、cols、nums 和 data 分别存放什么内容？

（6）用十字链表表示一个有 k 个非零元素的 $m×n$ 的稀疏矩阵，则其总的结点数为多少？

（7）简述广义表和线性表的区别和联系。

（8）广义表 GL=((),())，求 head(GL),tail(GL),GL 的长度和 GL 的深度。

4．算法设计题

（1）对于二维数组 $A[m][n]$，其中 $m≤80$，$n≤80$，先读入 m 和 n，然后读入该数组的全部元素，对如下三种情况分别编写相应的函数：

① 求数组 A 的靠边元素之和。

② 求从 $A[0][0]$ 开始的互不相邻的各元素之和。

③ 当 $m=n$ 时，分别求两条对角线上的元素之和，否则打印出 $m≠n$ 的信息。

（2）有数组 $A[4][4]$，把 $1~16$ 个整数分别按顺序放入 $A[0][0],\cdots,A[0][3],A[1][0],\cdots,A[1][3],A[2][0],\cdots,A[2][3],A[3][0],\cdots,A[3][3]$ 中，编写一个算法获取数据并求出两条对角线元素的乘积。

（3）当三对角矩阵采用行优先的压缩存储时，写一个算法求三对角矩阵在这种压缩存储表示下的转置矩阵。

（4）设一系列正整数存放在一个数组中，试设计算法，将所有奇数存放在数组的前半部分，将所有的偶数存放在数组的后半部分。要求尽可能少用临时存储单元并使时间最少。请试着分析实现的算法的时间复杂度和空间复杂度。

（5）已知 A 和 B 为两个 $n×n$ 阶对称矩阵，输入时对称矩阵只输入下三角元素，存入一维数组。试编写一个计算对称矩阵 A 和 B 的乘积的算法。

（6）当具有相同行值和列值的稀疏矩阵 A 和 B 均以三元组表作为存储结构时，试写出矩阵相加算法，其结果存放在三元组表 C 中。

（7）编写一个算法，计算一个三元组表表示的稀疏矩阵的对角线元素之和。

（8）编写一个算法，在给定的广义表中查找数据为 x 的结点。

5.4　上机实验题及参考代码

实验题 5.1　矩阵的转置算法。

设计一个程序：将一个 N 阶方阵转置，方阵的存储用数组表示。

对应的程序代码如下：

```
#include <stdio.h>
#define N 3
int array[N][N];
void main()
{   void convert(int array[][3]);
    int i,j;
```

```
        printf("please inout array:\n");
        for(i=0;i<N;i++)
            for(j=0;j<N;j++)
                scanf("%d",&array[i][j]);
        printf("\noriginal array:\n");
        for(i=0;i<N;i++)
        {
            for(j=0;j<N;j++)
            printf("%d  ",array[i][j]);
            printf("\n");
        }
        convert(array);
        printf("convert array:\n");
        for(i=0;i<N;i++)
        {for(j=0;j<N;j++)
            printf("%d ",array[i][j]);
        printf("\n");
        }
}
void convert(int array[][3])
{   int i,j,t;
    for(i=0;i<N;i++)
        for(j=i+1;j<N;j++)
        { t=array[i][j];
          array[i][j]=array[j][i];
          array[j][i]=t;
        }
}
```

实验题 5.2　编写一个程序，求解皇后问题：在 n×n 的方格棋盘上，放置 n 个皇后，要求每个皇后不同行、不同列、不同左右对角线。

要求：

① 皇后的个数 n 由用户输入，其值不能超过 20。

② 采用递归方法求解。

此程序文件包含以下函数：

Print(int n)：输出一个解。

Place(int k,int j)：测试(k,j)位置能否摆放皇后。

Queen(int k,int n)：用于在 1~k 行放置皇后。

采用整数数组 q[N]求解结果，因为每行只能放一个皇后，q[i](1≤i≤n)的值表示第 i 个皇后所在的列号，即该皇后放在(i,q[i])的位置上。

设 queen(k,n)是在 1~k−1 行上已经放好了 k−1 个皇后，用于在 k~n 行放置 n−k+1 个皇后，则 queen(k+!,n)表示在 1~k 行上已经放好了 k 个皇后，用于在 k+1~n 行放置 n−k 个皇后。显然 queen(k+1,n)比 queen(k,n)少放置一个皇后。

设 queen(k+1,n)是"小问题"，queen(k,n)是"大问题"，则求解皇后问题的递归模型如下：

queen(k,n)n 个皇后放置≡n 个皇后放置完毕,输出解;	若 k>n
queen(k,n)n 个皇后放置≡对于第 k 行的每个合适的位置 i, 在其上放置一个皇后;	其他情况
queen(k+1,n);	

得到的递归过程如下：

```
queen (int k,int n)
{ if (k>n)
    输出一个解;
    else
      for(j=1;j<=n;j++)                    //在第 k 行找所有的列位置
        if(第 k 行的第 j 列合适)
        { 在(k,j)位置处放一个皇后即 q[k]=j
          queen(k+1,n);
        }
}
```

对于(k,j)位置上的皇后，是否与已放好的皇后(i,q[i])（1≤i≤k-1）有冲突呢？显然它们不同列，若同列则有：q[i]==j；对角线有两条。若它们在任一条对角线上，则构成一个等边直角三角形，即|q[i]-j|==|k-i|。所以，只要满足以下条件，则存在冲突，否则不冲突：

$$(q[i]==j)||(abs(q[i]-j)==abs(k-i))$$

对应的程序如下：

```
#include <stdio.h>
#include <stdlib.h>
const int N=20;                          //最多皇后个数
int q[N];                                //存放各皇后所在的列号
int count=0;                             //存放解个数
void print(int n)                        //输出一个解
{ count++;
  int i;
  printf("第%d 个解:",count);
  for(i=1;i<=n;i++)
      printf("(%d,%d)",i,q[i]);
  printf("\n");
}
int place(int k,int j)                   //测试(k,j)位置能否摆放皇后
{ int i;
  while(i<k)                             //i=1~k-1 是否放置了皇后的行
  { if((q[i]==j)||(abs(q[i]-j)==abs(k-i)))
    return 0;
    i++;
  }
  return 1;
}
void queen(int k,int n)                  //放置 1~k 的皇后
{ int j;
  if(k>n)
    printf(n);                           //所有皇后放置结束
    else
      for(j=1;j<=n;j++)                  //在第 k 行上穷举每一个位置
        if(place(k,j))                   //在第 k 行上找到一个合适位置(k,j)
        { q[k]=j;
          queen(k+1,n);
        }
}
void main()
```

```
{ int n;                                    //n 存放实际皇后个数
  printf("皇后问题(n<20)n=");
  scanf("%d",&n);
  if(n>20)
    printf("n 值太大,不能求解\n");
  else
  { printf("%d 皇后问题求解如下:\n",n);
    queen(1,n);
    printf("\n");
  }
}
```

连接本工程生成可执行文件。程序依次执行结果如下:

皇后问题(n<20) n=6↙

6 皇后问题求解如下:

第 1 个解: (1,2) (2,4) (3,6) (4,1) (5,3) (6,5)
第 2 个解: (1,3) (2,6) (3,2) (4,5) (5,1) (6,4)
第 3 个解: (1,4) (2,2) (3,5) (4,2) (5,6) (6,3)
第 4 个解: (1,5) (2,3) (3,1) (4,6) (5,4) (6,2)

该运行结果表示 6 皇后 4 种放置方式如图 5.10 所示。

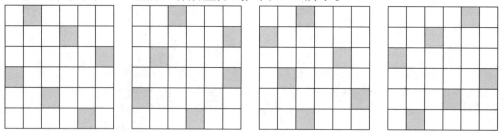

图 5.10　6 皇后的 4 种放置方式

实验题 5.3　编写一个程序,求解背包问题:设有不同价值、不同重量的物品 n 件,求从这 n 件物品中选取一部分物品的方案,使选中物品的总重量不超过指定的限制重量,但选中物品的价值之和为最大。编写一个程序求解背包问题。

此文件中包含的函数 find(int i,int tw,int tv)中设 n 件物品的重量分别为 w_0, w_1,…, w_{n-1}, 物品的价值分别为 v_0,v_1,…,v_{n-1}。采用递归寻找物品的选择方案。

设前面已有了多种选择的方案,并保留了其中总价值最大的方案于数组 option[]中,该方案的总价值存于变量 maxv 中。当前正在考虑新方案,其物品选择情况保存于数组 cop[]中。假定当前方案已考虑了前 i-1 件物品,现在要考虑第 i 件物品;当前方案已包含的物品的重量之和为 tw;至此,若其余物品都是可能选择的,本方案能达到的总价值的期望值设为 tv。算法引入 tv 是一旦当前方案的总价值的期望值也小于前面方案的总价值 maxv 时,继续考虑当前方案变成无意义的工作,应终止当前方案,立即去考虑下一个方案。因为当方案的总价值不比 maxv 大时,该方案不会再被考虑。这同时保证函数之后找到的方案一定会比前面的方案更好。

第 i 件物品的选择有两种可能:

(1)物品 i 被选择,这种可能性仅当包含它不会超过方案总重量的限制时才是可行的。选中后,继续递归去考虑其余物品的选择。

(2)物品 i 不被选择,这种可能性仅当不包含物品 i 也有可能会找到价值更大的方案。按以上思想写出递归算法如下：

```
find(物品i,当前选择已达到的重量和tw,本方案可能达到的总价值为tv)
{ //考虑物品i包含在当前方案中的可能性
  if(包含物品i是可接受的)
  { 将物品i包含在当前方案中;
    if(i<n-1)
        find(i+1,tw+物品i的重量,tv);
        else
        //又一个完整方案,因它比前面的方案好,以它作为最佳方案将当前方案作为
          临时最佳方案保存;
        //回复物品i不包含状态;
  }
  //考虑物品i不包含在当前方案中的可能性
  if(不包含物品i仅是可考虑的)
    if(i<n-1)
      find(i+1,tw,tv-物品i的价值);
    else
    //又一个完整方案,因它比前面的方案好,以它作为最佳方案将当前方案作为临时
      最佳方案保存;
}
```

对应的程序如下：(设计思想详见代码中的注释)

```
#include <stdio.h>
#define N 100
int limitw;                          //限制的总重量
int maxv;
int option[N],cop[N];
struct
{ int weight;                        //物品重量
  int value;                         //物品价值
} a[N];                              //存放物品的数组
int n;                               //物品种数
void find(int i,int tw,int tv)
{ int k;
  if(tw+a[i].weight<=limitw)
    { cop[i]=1;
      if(i<n-1)
        find(i+1,tw+a[i].weight,tv);
      else
      { for(k=0;k<n;k++)
          option[k]=cop[k];
        maxv=tv;
      }
      cop[i]=0;
    }
  if(tv-a[i].value>maxv)
  { if(i<n-1)
      find(i+1,tw,tv-a[i].value);
    else
    { for(k=0;k<n;k++)
      option[k]=cop[k];
      maxv=tv-a[i].value;
    }
```

```
      }
    }
void main( )
{ int k,w,v;
  printf("物品种数: ");
  scanf("%d",&n);
  for(totv=0,k=0;k<n;k++)
  { printf("第%d种物品(重量,价值):",k+1);
    scanf("%d,%d",&w,&v);
    a[k].weight=w;
    a[k].value=v;
    totv+=v;
  }
  printf("背包所能承受的总重量:");
  scanf("%d",&limitw);
  maxv=0;
  for(k=0;k<n;k++)
    cop[k]=0;
  find(0,0,totv);
  printf("最佳装填方案是:\n");
    for(k=0;k<n;k++)
      if(option[k])
    printf("第%d种物品\n",k+1);
  printf("总价值=%d\n",maxv);
}
```

本程序的一次执行结果如下:

```
物品种数: 5↙
        第1种物品（重量，价值）: 3,10↙
        第2种物品（重量，价值）: 5,8↙
        第3种物品（重量，价值）: 2,7↙
        第4种物品（重量，价值）: 8,20↙
        第5种物品（重量，价值）: 6,5↙
背包所能承受的总重量: 16↙
最佳装填方案是:
        第1种物品
        第2种物品
        第4种物品
总价值=38
```

树和二叉树 <<<

第 6 章

【重点】

- 二叉树的性质。
- 二叉树的存储表示。
- 二叉树的遍历及算法实现。
- 树与二叉树的转换关系。
- 赫夫曼树及其应用。

【难点】

- 二叉树遍历算法的非递归实现。
- 基于二叉树的遍历实现二叉树的其他操作。
- 线索二叉树。
- 树的基本操作的实现。

6.1 重点内容概要

6.1.1 树

1. 树的定义

树（Tree）是 n（$n>0$）个结点的有限集。在任意一棵非空树中应满足：

（1）有且仅有一个特定的称为根（Root）的结点。

（2）当 $n>1$ 时，其余结点可分为 $m(m>0)$ 个互不相交的有限集 $T_1,T_2,\cdots,T_m$，而且，这些集合本身又都是一棵树，并且称为根的子树（SubTree）。

2. 树的逻辑表示

（1）树状表示法：用一个圆圈表示一个结点，圆圈内的符号代表该结点的数据信息，结点之间的关系通过连线表示。虽然每条连线上都不带有箭头（即方向），但它仍然是有向的，其方向隐含着从上向下，即连线的上方结点是下方结点的前驱，下方结点是上方结点的后继。它的直观形象是一棵倒置的树（树根在上，树叶在下）。

（2）嵌套集合表示法：即是一些集合的集合，对于其中任何两个集合，或者不相交，或者一个集合包含另一个集合的表示方法。

（3）凹入表示法：每棵树的根对应着一个条形，子树的根对应着一个较短的条形，且树根在上，子树的根在下，同一个根下的各子树的根对应的条形长度是一样的。

（4）广义表形式表示法：以广义表的形式表示，根作为由子树树林组成的表的名字写在表的左边。

3．树结构中的一些基本术语

（1）结点的度：一个结点所拥有的子树个数。

（2）树的度：树中结点度数的最大值。

（3）叶子（终端结点）：度为零的结点。

（4）分支结点（非终端结点）：度不为零的结点。

（5）双亲结点：结点的直接前驱，称为该结点的双亲。

（6）兄弟结点：具有同一双亲结点的子结点。

（7）结点的层数：树中的每个结点都处在一定的层数上。结点的层数从树根开始定义，根结点为第一层（有的从第 0 层开始），它的孩子结点为第二层，依此类推，一个结点所在的层数为其双亲结点所在的层数加 1。

（8）树的深（高）度：树中结点的最大层数称为树的深度（或高度）。

（9）有序树：树中各结点的子树是按照一定的次序从左向右排列的，且相对次序是不能随意变换的。

（10）无序树：树中各结点的子树无一定的次序排列，其相对次序是可以随意变换的。

（11）森林：是 $n(n \geq 0)$ 个互不相交的树的集合。

4．树的性质

性质 1 树中的结点数等于所有结点的度数加 1。

性质 2 深度为 m 的树中第 i 层上至多有 m^{i-1} 个结点 $(i \geq 1)$。

性质 3 高度为 h 的 m 叉树至多有（m^h-1）$/(m-1)$ 个结点。

6.1.2 二叉树

1．二叉树的定义

二叉树是 $n(n \geq 0)$ 个结点的有限集合：

（1）或者为空二叉树，即 $n=0$；

（2）或者由一个根结点和两棵互不相交的被称为根的左子树和右子树所组成。左子树和右子树分别又是一棵二叉树。

2．几种特殊的二叉树

（1）满二叉树：一棵深度为 h，并且含有 2^h-1 个结点的二叉树为满二叉树。或者这样定义：若二叉树中所有的分支结点的度数都为 2，且叶子结点都在同一层次上，则称这类二叉树为满二叉树。

（2）完全二叉树：设一个深度为 h 的二叉树，每层结点数目如果满足以下条件：

① 第 i 层 $(1 \leq i \leq h-1)$ 上的结点个数均为 2^{i-1}；

② 第 h 层从右边起连续缺若干个结点。

这样的二叉树称为完全二叉树。也可以这样定义完全二叉树：一棵深度为 k 的有 n 个结点的二叉树，对树中的结点按从上至下、从左到右的顺序进行编号，如果编号为 i（$1 \leq i \leq n$）的结点与满二叉树中编号为 i 的结点在二叉树中的位置相同，则这棵二叉树称为完全二叉树。完全二叉树的特点是：叶子结点只能出现在最下层和次下层，且最下层的叶子结点集中在树的左部。显然，一棵满二叉树必定是一棵完全二叉树，而完全二叉树未必是满二叉树。

（3）二叉排序树：

① 可以是空二叉树；

② 也可以是具有如下性质的二叉树：左子树上所有结点的关键字均小于根结点的关键字；右子树上所有的关键字均大于等于根结点的关键字；左子树和右子树本身又各是一棵二叉排序树。

这样的二叉树称为二叉排序树。

（4）平衡二叉树：树上任一结点的左子树深度减去右子树深度的差值为平衡因子。若一棵二叉树中每个结点的平衡因子的绝对值都不大于1，则称这棵二叉树为平衡二叉树。

3．二叉树的性质

性质 1 在二叉树的第 i 层上至多有 2^{i-1} 个结点($i \geq 1$)。

该性质可由数学归纳法证明。证明略。

性质 2 深度为 k 的二叉树中至多含有 $2^k - 1$ 个结点($k \geq 1$)。

证明 设第 i 层的结点数为 x_i（$1 \leq i \leq k$），深度为 k 的二叉树的结点数为 M，x_i 最多为 2^{i-1}，则有：$M = x_i \leq 2^{i-1} = 2^k - 1$。

性质 3 对任何一棵二叉树 T，如果其终端结点数为 n_0，度为 2 的结点数为 n_2，则 $n_0 = n_2 + 1$。

证明 设 n 为二叉树的结点总数，n_1 为二叉树中度为 1 的结点数，则有：

$$n = n_0 + n_1 + n_2 \tag{6.1}$$

在二叉树中，除根结点外，其余结点都有唯一的一个进入分支。设 B 为二叉树中的分支数，那么有：

$$B = n - 1 \tag{6.2}$$

这些分支是由度为 1 和度为 2 的结点发出的，一个度为 1 的结点发出一个分支，一个度为 2 的结点发出两个分支，所以有：

$$B = n_1 + 2n_2 \tag{6.3}$$

综合式（6.1）~式（6.3）可以得到：$n_0 = n_2 + 1$。

性质 4 具有 n 个结点的完全二叉树的深度为 $\lfloor \log_2 n \rfloor + 1$。

证明 根据完全二叉树的定义和性质 2 可知，当一棵完全二叉树的深度为 k、结点个数为 n 时，有 $2^{k-1} - 1 < n \leq 2^{k} - 1$。即：

$$2^{k-1} \leq n < 2^k$$

对不等式取对数，有 $k - 1 \leq \log_2 n < k$。

由于 k 是整数，所以有 $k = \lfloor \log_2 n \rfloor + 1$。

性质 5 如果对一棵有 n 个结点的完全二叉树的结点按层序编号（从第 1 层到 $\lfloor \log_2 n \rfloor + 1$ 层，每层从左到右），则对任一结点 i（$1 \leq i \leq n$），有以下性质：

（1）如果 $i > 1$，则序号为 i 的结点的双亲结点的序号为 $i/2$（"/"表示整除）；如果 $i = 1$，则序号为 i 的结点是根结点，无双亲结点。

（2）如果 $2i \leq n$，则序号为 i 的结点的左孩子结点的序号为 $2i$；如果 $2i > n$，则序

号为 i 的结点无左孩子。

（3）如果 $2i + 1 \leqslant n$，则序号为 i 的结点的右孩子结点的序号为 $2i + 1$；如果 $2i + 1 > n$，则序号为 i 的结点无右孩子。

此外，若对二叉树的根结点从 0 开始编号，则相应的 i 号结点的双亲结点的编号为 $(i - 1)/2$，左孩子的编号为 $2i + 1$，右孩子的编号为 $2i + 2$。

此性质可采用数学归纳法证明。证明略。

4．二叉树的存储结构

（1）二叉树的顺序存储结构：二叉树的顺序存储，就是用一组连续的存储单元，按满二叉树的结点编号，依次存放二叉树中的结点元素。这样结点在存储位置上的前驱后继关系并不一定就是它们在逻辑上的邻接关系，然而只有通过一些方法确定某结点在逻辑上的前驱结点和后继结点，这种存储才有意义。因此，依据二叉树的性质，完全二叉树和满二叉树采用顺序存储比较合适，既不浪费存储空间，又便于运算处理。树中结点的序号可以唯一地反映出结点之间的逻辑关系，这样既能够最大可能地节省存储空间，又可以利用数组元素的下标值确定结点在二叉树中的位置，以及结点之间的关系。

但是对于一般的二叉树来说，如果仍按从上至下和从左到右的顺序将树中的结点顺序存储在一维数组中，则数组元素下标之间的关系不能够反映二叉树中结点之间的逻辑关系，只有增添一些并不存在的空结点，使之成为一棵完全二叉树的形式，然后再用一维数组顺序存储。图 6.1 所示是一棵一般二叉树改造后的完全二叉树状态和其顺序存储状态示意图。显然，这种存储对于需增加许多空结点才能将一棵二叉树改造成为一棵完全二叉树的存储时，会造成空间的大量浪费，不宜用顺序存储结构。最坏的情况是右单支树，如图 6.2 所示，一棵深度为 k 的右单支树，只有 k 个结点，却需分配 $2^k - 1$ 个存储单元。此外这种存储表示还具有顺序存储结构的固有缺陷，即插入和删除一个结点时，会引起许多其他结点的移动。

二叉树的顺序存储表示可描述为：

```
#define MAXNODE                        /*二叉树的最大结点数*/
typedef elemtype SqBiTree[MAXNODE]     /*0 号单元存放根结点*/
SqBiTree bt;
```

即将 bt 定义为含有 MAXNODE 个 elemtype 类型元素的一维数组。

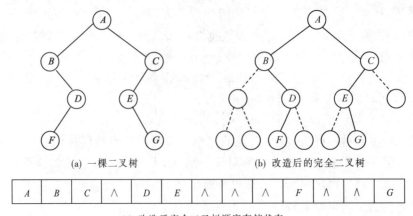

(a) 一棵二叉树　　　　　　(b) 改造后的完全二叉树

A	B	C	$\wedge$	D	E	$\wedge$	$\wedge$	$\wedge$	F	$\wedge$	$\wedge$	G

(c) 改造后完全二叉树顺序存储状态

图 6.1　一般二叉树及其顺序存储

（2）二叉树的链式存储结构：所谓二叉树的链式存储结构是指用链表来表示一棵二叉树，即用链来指示着元素的逻辑关系。通常有下面两种形式：

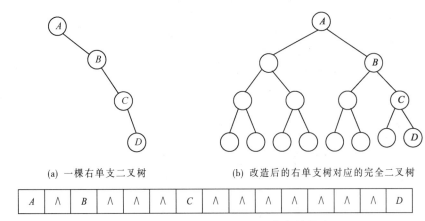

(a) 一棵右单支二叉树　　　　　(b) 改造后的右单支树对应的完全二叉树

A	∧	B	∧	∧	∧	C	∧	∧	∧	∧	∧	∧	∧	D

(c) 单支树改造后完全二叉树的顺序存储状态

图 6.2　右单支二叉树及其顺序存储

① 二叉链表存储。链表中每个结点由三个域组成，除了数据域外，还有两个指针域，分别用来给出该结点左孩子和右孩子所在的链结点的存储地址。结点的存储的结构如下：

lchild	data	rchild

其中，data 域存放某结点的数据信息；lchild 与 rchild 分别存放指向左孩子和右孩子的指针，当左孩子或右孩子不存在时，相应指针域值为空（用符号 ∧ 或 NULL 表示）。

图 6.3（a）所示是一棵二叉树的二叉链表表示。

二叉链表也可以带头结点的方式存放，如图 6.3（b）所示。

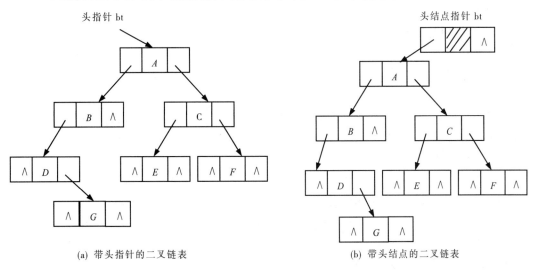

(a) 带头指针的二叉链表　　　　　(b) 带头结点的二叉链表

图 6.3　二叉链表表示

② 三叉链表存储。每个结点由四个域组成，具体结构如下：

lchild	data	rchild	parent

其中，data、lchild 以及 rchild 三个域的意义同二叉链表结构；parent 域为指向该结点双亲结点的指针。这种存储结构既便于查找孩子结点，又便于查找双亲结点；但是，相对于二叉链表存储结构而言，它增加了空间开销。

图 6.4 所示是一棵二叉树的三叉链表表示。

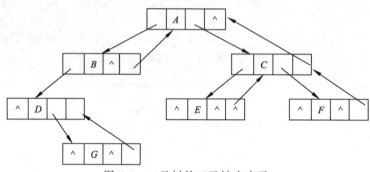

图 6.4　二叉树的三叉链表表示

尽管在二叉链表中无法由结点直接找到其双亲，但由于二叉链表结构灵活，操作方便，对于一般情况的二叉树，甚至比顺序存储结构还节省空间。因此，二叉链表是最常用的二叉树存储方式。本书后面所涉及的二叉树的链式存储结构不加特别说明的都是指二叉链表结构。

二叉树的二叉链表存储表示可描述为：

```
typedef struct BiTNode{
    elemtype data;
    struct BiTNode *lchild;*rchild;    /*左右孩子指针*/
}BiTNode,*BiTree;
```

即将 BiTree 定义为指向二叉链表结点结构的指针类型。

5．二叉树的基本运算及实现

二叉树具有以下基本运算：

（1）创建二叉树 creat(*h,*str)：根据二叉树广义表形式表示法的字符串*str 生成对应的链式存储结构。

（2）找结点 find(*h,x)：在二叉树 h 中寻找 data 域值为 x 的结点，并返回指向该结点的指针。

（3）找孩子结点 lchikd(p)和 rchild(p)：分别求二叉树中结点*p 的左孩子结点和右孩子结点。

（4）求高度 treedepth(*b)：求二叉树 b 的高度。若二叉树为空，则其高度为 0；否则，其高度等于左子树与右子树中的最大高度加 1。

（5）输出二叉树 disptree(*b)：以凹入表示法输出一棵二叉树。

以链式存储结构方式实现二叉树基本运算的函数如下：

（1）创建二叉树 creatree（*b,*str）。使用一个栈 stack 保存当前二叉树根结点，

top 为其栈指针，*k* 指定其后处理的结点是双亲结点（保存在栈中）、左孩子（*k*=1）还是右孩子（*k*=2），ch 为当前处理的 str 中的字符。若 ch='('，则将创建的结点作为双亲结点进栈，并设置 *k*=1，其后创建的结点为左孩子，若 ch=')'，表示左右结点处理完毕，退栈；若 ch=','，表示其后创建的结点为右孩子。其他情况，表示要创建一个结点，并根据 *k* 值建立它与栈中结点之间的联系。如此循环，直到 str 处理完毕。

```
void creatree(BTree &b,char *str)
{ BTree  stack[Maxsize],*p=NULL;
  int top=-1,k,j=0;
  char ch;
  b=NULL;
  ch=str[j];
  while(ch!='\0')
  { switch(ch)
     {case '(':top++;stack[top]=p;k=1;break;  //为左结点
      case ')':top--;break;
      case ',':k=2;break;                       //为右结点
      default:p=(BTree * )malloc(sizeof(BTree));
      p->data=ch;p->lchild=p->rchild=NULL;
      if(b==NULL)                               //根结点
        b=p;
      else
      {  switch(k)
        { case 1:stack[top]->lchild=p;break;
          case 2:stack[top]->rchild=p;break;
        }
      }
     }
    j++;
    ch=str[j];
  }
}
```

（2）找结点 find(*b,x)。采用先序遍历查找值为 x 的结点。找到后返回其指针，否则返回 NULL。

```
BTree find(BTree  b,ElemType x)
{ BTree  p;
  if(b==NULL)
    return NULL;
  else if(b->data==x)
    return b;
  else
  { p=find(b->lchild,x);
    if(p!=NULL)
        return p;
    else
        return find(b->rchild,x);
  }
}
```

（3）找孩子结点 lchild(p)和 rchild(p)。直接返回*p 结点的左孩子或右孩子的指针。

```
BTree  lchild(BTree  p)
{ return p->lchild;
}
BTree  rchild(BTree  p)
{ return p->rchild;
}
```

（4）求高度 treedepth(tb)。求二叉树的高度的递归函数如下：

$$F(b)=\begin{cases} 0, & 若\ b=NULL \\ Max\{f(b{-}>lchild),f(b{-}>rchild)+1, & 其他情况 \end{cases}$$

```
int  treedepth(BTree  h)
{ int lchilddep,rchilddep;
  if(b==NULL)
    return 0;
  else
  { lchilddep=treedepth(b->lchild);
    rchilddep=treedepth(b->rchild);
    if(lchilddep>rchilddep)
      return(lchilddep+1);
    else
      return(rchilddep+1);
  }
}
```

（5）输出二叉树 disptree(*b)。采用先序遍历的非递归方法实现，除了使用一个栈外，还增加了一个场宽数组 level，它与栈使用相同的指针，根结点的场宽设置为 4，其左右孩子的场宽增 4，依此递增，这样以凹入表示法输出一棵二叉树。

```
void disptree(BTree  b)
{ BTree  stack[MaxSize],p;
  int  level[MaxSize][2],top,n,i,width=4;
  char type;
  if(b!=NULL)
  { top=1;
    stack[top]=b;                  //根结点进栈
    level[top][0]=width;
    level[top][1]=2;               //2表示是根
    while(top>0)
    { p=stack[top];                //退栈并凹入显示该结点值
      n=level[top][0];
      switch(level[top][1])
      { case 0:type='0';break;     //左结点之前输出(0)
        case 1:type='1';break;     //右结点之前输出(1)
        case 2:type='r';break;     //根结点之前输出(r)
      }
      for(i=1;i<=n;i++)            //其中n为显示场宽,字符以右对齐显示
          printf(" ");
      printf("%d"(%c)\n",p->data,type);
      for(i=n+1;i<=MaxWidth;i+=2)
          printf("-");
      printf("\n");
      top--;
      if(p->rchild!=NULL)          //将右孩子进栈
      { top++;
```

```
            stack[top]=p->lchild;
            level[top][0]=n+width;          //显示场宽增 width
            level[top][1]=1;                //1 表示是右子树
        }
        if(p->lchild!=NULL)                 //将左孩子进栈
        { top++;
          stack[top]=p->lchild;
          level[top][0]=n+width;            //显示场宽增 width
          level[top][1]=0;                  //0 表示是左子树
        }
      }
    }
}
```

6.1.3　遍历二叉树和线索二叉树

1. 遍历二叉树

二叉树的遍历：按某条搜索路径巡访树中每个结点，使得每个结点均被访问一次，而且仅被访问一次的过程。

遍历是二叉树中经常要用到的一种操作。因为在实际应用问题中，常常需要按一定顺序对二叉树中的每个结点逐个进行访问，查找具有某一特点的结点，然后对这些满足条件的结点进行处理。

通过一次完整的遍历，可使二叉树中结点信息由非线性排列变为某种意义上的线性序列。也就是说，遍历操作使非线性结构线性化。

由二叉树的定义可知，一棵由根结点、根结点的左子树和根结点的右子树三部分组成。因此，只要依次遍历这三部分，就可以遍历整个二叉树。若以 D、L、R 分别表示访问根结点、遍历根结点的左子树、遍历根结点的右子树，则二叉树的遍历方式有六种：DLR、LDR、LRD、DRL、RDL 和 RLD。如果限定先左后右，则只有前三种方式，即 DLR（称为先序遍历）、LDR（称为中序遍历）和 LRD（称为后序遍历）。

根据访问结点的顺序分为先序遍历、中序遍历和后序遍历 3 种。

（1）先序遍历二叉树：若二叉树为空，则空操作；否则访问根结点—先序遍历左子树—先序遍历右子树。

（2）中序遍历二叉树：若二叉树为空，则空操作；否则中序遍历左子树—访问根结点—中序遍历右子树。

（3）后序遍历二叉树：若二叉树为空，则空操作；否则后序遍历左子树—后序遍历右子树—访问根结点。

二叉树的先序遍历、中序遍历和后序遍历的递归算法如下：

算法 6.1　先序遍历的递归算法。

```
void preorder(BTree b)              //先序遍历的递归算法
{ if(b!==NULL)
  { printf("%d",b->data);          //访问结点的数据域
    preorder(b->lchild);           //先序递归遍历 b 的左子树
    preorder(b->rchild);           //先序递归遍历 b 的右子树
  }
}
```

算法 6.2 中序遍历的递归算法。

```
void inorder(BTree b)              //中序遍历的递归算法
{ if(b!=NULL)
  { inorder(b->lchild);           //中序递归遍历 b 的左子树
    printf("%d",h->data);         //访问结点的数据域
    inorder(b->rchild);           //中序递归遍历 b 的右子树
  }
}
```

算法 6.3 后序遍历的递归算法。

```
void postOrder(BTree h)           //后序遍历的递归算法
{if(b!=NULL)
    {postorder(b->lchild);        //后序递归遍历 b 的左子树
     postorder(h->rchild);        //后序递归遍历 b 的右子树
     printf("%d",b->data);        //访问结点的数据域
    }
}
```

（4）层次遍历

所谓二叉树的层次遍历，是指从二叉树的第一层（根结点）开始，从上至下逐层遍历，在同一层中，则按从左到右的顺序对结点逐个访问。

2. 线索二叉树

一个具有 n 个结点的二叉树若采用二叉链表存储结构，在 $2n$ 个指针域中只有 $n-1$ 个指针域是用来存储结点孩子的地址，而另外 $n+1$ 个指针域存放的都是 NULL。因此，可以利用某结点空的左指针域（Lchild）指出该结点在某种遍历序列中的直接前驱结点的存储地址，利用结点空的右指针域（Rchild）指出该结点在某种遍历序列中的直接后继结点的存储地址；对于那些非空的指针域，则仍然存放指向该结点左、右孩子的指针。这样，就得到了一棵线索二叉树。

由于序列可由不同的遍历方法得到，因此，线索树有先序线索二叉树、中序线索二叉树和后序线索二叉树三种。把二叉树改造成线索二叉树的过程称为线索化。

那么，在存储中，如何区别某结点的指针域内存放的是指针还是线索？通常可以采用下面两种方法来实现。为每个结点增设两个标志位域 ltag 和 rtag，令：

$$ltag = \begin{cases} 0 & \text{lchild 指向结点的左孩子} \\ 1 & \text{lchild 指向结点的前驱结点} \end{cases}$$

$$rtag = \begin{cases} 0 & \text{rchild 指向结点的右孩子} \\ 1 & \text{rchild 指向结点的后继结点} \end{cases}$$

每个标志位令其只占一个 bit，这样就只需增加很少的存储空间。这样结点的结构如下：

ltag	lchild	data	rchild	rtag

线索链表：以上述结点结构构成的二叉链表作为二叉树存储结构的链表。

线索：指向结点前驱和后继的指针。

线索二叉树：每个结点加上线索的二叉树。

线索化：对二叉树以某种次序遍历使其变为线索二叉树的过程。

例如：建立线索二叉树，或者说，对二叉树线索化，实质上就是遍历一棵二叉树，在遍历的过程中，检查当前结点的左、右指针域是否为空。如果为空，将它们改为指向前驱结点或者后继结点的线索。

6.1.4 二叉树的非递归实现

前面给出的二叉树先序、中序和后序三种遍历算法都是递归算法。当给出二叉树的链式存储结构以后，用具有递归功能的程序设计语言很方便就能实现上述算法。然而，并非所有程序设计语言都允许递归；另一方面，递归程序虽然简洁，但可读性一般不好，执行效率也不高。因此，就存在如何把一个递归算法转化为非递归算法的问题。解决这个问题的方法可以通过对三种遍历方法的实质过程的分析得到。要写出与递归算法等价的非递归算法，可运用返回地址栈来模拟递归。

1. 先序遍历的非递归实现

在下面算法中，二叉树以二叉链表存放，一维数组 stack[MAXNODE]用以实现栈，变量 top 用来表示当前栈顶的位置。

算法 6.4 先序遍历二叉树的非递归算法。

```
void NRPreOrder(BiTree bt)
/*非递归先序遍历二叉树*/
{ BiTree stack[MAXNODE],p;
  int top;
  if(bt==NULL) return;
  top=0;
  p=bt;
  while(!(p==NULL&&top==0))
  { while(p!=NULL)
    { Visite(p->data);           /*访问结点的数据域*/
      if(top<MAXNODE-1)          /*将当前指针 p 压栈*/
      { stack[top]=p;
        top++;
      }
      else
      { printf("栈溢出");
        return;
      }
      p=p->lchild;               /*指针指向 p 的左孩子*/
    }
    if(top<=0)
      return;                    /*栈空时结束*/
    else
    { top--;
      p=stack[top];              /*从栈中弹出栈顶元素*/
      p=p->rchild;               /*指针指向 p 的右孩子结点*/
    }
  }
}
```

2．中序遍历的非递归实现

中序遍历的非递归算法的实现，只需将先序遍历的非递归算法中的 visite(p->data) 移到 p=stack[top]和 p=p->rchild 之间即可。

3．后序遍历的非递归实现

由前面的讨论可知，后序遍历与先序遍历和中序遍历不同，在后序遍历过程中，结点在第一次出栈后，还需再次入栈，也就是说，结点要入两次栈，出两次栈，而访问结点是在第二次出栈时访问。因此，为了区别同一个结点指针的两次出栈，设置一标志 flag，令：

$$\text{flag} = \begin{cases} 1 & \text{第一次出栈，结点不能访问} \\ 2 & \text{第二次出栈，结点可以访问} \end{cases}$$

当结点指针进、出栈时，其标志 flag 也同时进、出栈。因此，可将栈中元素的数据类型定义为指针和标志 flag 合并的结构体类型。定义如下：

```
typedef struct {
  BiTree  link;
  int  flag;
}stacktype;
```

在后序遍历二叉树的非递归算法中，一维数组 stack[MAXNODE]用于实现栈的结构，指针变量 p 指向当前要处理的结点，整型变量 top 用来表示当前栈顶的位置，整型变量 sign 为结点 p 的标志量。

算法 6.5 后序遍历二叉树的非递归算法。

```
void NRPostOrder(BiTree  bt)
/*非递归后序遍历二叉树bt*/
{ stacktype stack[MAXNODE];
  BiTree p;
  int top,sign;
  if(bt==NULL) return;
  top=-1                              /*栈顶位置初始化*/
  p=bt;
  while(!(p==NULL&&top==-1))
  { if(p!=NULL)                       /*结点第一次进栈*/
    { top++;
      stack[top].link=p;
      stack[top].flag=1;
      p=p->lchild;                    /*找该结点的左孩子*/
    }
    else
    { p=stack[top].link;
      sign=stack[top].flag;
      top--;
      if(sign==1)                     /*结点第二次进栈*/
      {top++;
       stack[top].link=p;
       stack[top].flag=2;             /*标记第二次出栈*/
       p=p->rchild;
      }
```

```
        else
        { Visite(p->data);                /*访问该结点数据域值*/
            p=NULL;
        }
        }
    }
}
```

6.1.5 树和森林

1．树的存储结构

树的常用存储结构如下：

（1）双亲表示法：这种存储结构用一组连续空间存储树的结点，同时在每个结点中附设一个伪指针指示其双亲结点的位置。例如：树及其对应的双亲存储结构如图6.5所示。

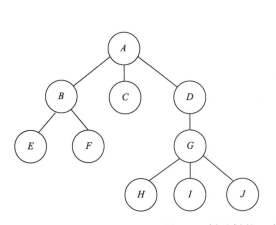

数组下标

0	*A*	–1
1	*B*	0
2	*C*	0
3	*D*	0
4	*E*	1
5	*F*	1
6	*G*	3
7	*H*	6
8	*I*	6
9	*J*	6

图 6.5 树及树的双亲表示法

其中，根结点 *A* 的下标为 0；其孩子结点 *B*、*C* 和 *D* 的双亲伪指针均为 0；*E*、*F* 的双亲伪指针均为 1；*G* 的双亲伪指针为 3；*H*、*I*、*J* 的双亲伪指针均为 6。

该存储结构利用了每个结点（根结点除外）只有唯一双亲的性质，但求结点的孩子时需要遍历整个结构。

（2）孩子表示法：孩子表示法是把每个结点的孩子结点都排列起来，看成是一个线性表，且以单链表作为存储结构，则 *n* 个结点就有 *n* 个孩子链表（叶子结点的孩子链表为空表）。这 *n* 个链表的 *n* 个头指针又组成一个线性表。图6.5所示的树的孩子表示法存储结构如图6.6所示。

（3）孩子兄弟表示法：孩子兄弟表示法是使每个结点包括三部分内容：

① 结点值。

② 指向该结点第一个孩子结点的指针。

③ 指向根结点下一个兄弟结点的指针。

孩子兄弟表示法存储结构图在此处省略。

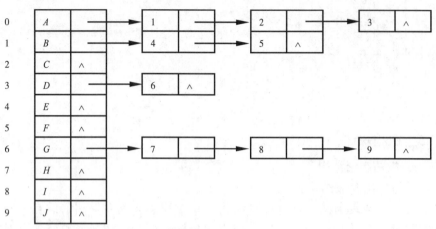

图 6.6　树的孩子表示法

2．树和森林与二叉树的转换

（1）树与二叉树的转换。将树转换成二叉树的规则如下：

① 在兄弟结点之间加一条连线。

② 对每一个结点，只保留它与第一个子结点的连线，与其他子结点的连线全部抹掉。

③ 以树根为轴心，顺时针旋转 45°。

（2）森林与二叉树的转换。将森林转换成二叉树的规则如下：

① 将每棵树的根相连。

② 将森林中的每棵树转换成相应的二叉树。

③ 以第一棵树的根为轴心顺时针旋转 45°。

3．树和森林的遍历

（1）树的遍历。树的遍历操作是指按某种方式访问树中的每一个结点且每一个结点只被访问一次。树的遍历操作的算法主要有先根遍历和后根遍历两种。注意下面的先根遍历和后根遍历算法都是递归的。

① 先根遍历。先根遍历算法如下：

- 访问根结点。

- 按照从左到右的次序先根遍历根结点的每一棵子树。

② 后根遍历。后根遍历算法如下：

- 按照从左到右的次序后根遍历根结点的每一棵子树。

- 访问根结点。

（2）森林的遍历。按照树和森林相互递归的定义，可推出森林的两种遍历方法。

① 先序遍历森林。若森林非空，则可按下述规则遍历：

- 访问森林中第一棵树的根结点。

- 先序遍历第一棵树中根结点的子树森林。

- 先序遍历除去第一棵树之后剩余的树构成的森林。

② 中序遍历森林。若森林非空，则可按下述规则遍历：

- 中序遍历森林中第一棵树的根结点的子树森林。

- 访问第一棵树的根结点。
- 中序遍历除去第一棵树之后剩余的树构成的森林。

6.1.6 赫夫曼树及应用

1. 赫夫曼树(最优二叉树)的定义

在许多应用中，常常将树中的结点赋上一个有着某种意义的实数，称此实数为该结点的权。从树根结点到该结点之间的路径长度与该结点上权的乘积为结点的带权路径长度。树中所有叶子结点的带权路径长度之和称为该树的带权路径长度，通常记作：

$$WPL = \sum_{k=1}^{n} W_k L_k$$

其中，n 表示叶子结点的数目，W_k 为第 k 个叶结点的权值，L_k 为第 k 个叶结点的路径长度。

在 n 个带权叶子结点构成的所有二叉树中，带权路径长度 WPL 最小的二叉树称为赫夫曼树（或最优二叉树）。因为构造这种树的算法是最早由赫夫曼于 1952 年提出的，所以被称为赫夫曼树。

2. 赫夫曼树的构造

赫夫曼树的构造算法如下：

（1）根据给定的 n 个权值 $\{w_1, w_2, \cdots, w_n\}$ 构成 n 棵二叉树的集合 $F = \{T_1, T_2, \cdots, T_n\}$，其中每棵二叉树 $T_i(1 \leqslant i \leqslant n)$ 中只有一个带权值为 w_i 的根结点，其左、右子树均为空。

（2）在 F 中选取两棵结点的权值最小的树作为左、右子树构造一棵新的二叉树，且设置新的二叉树的根结的权值为其左、右子树上根的权值之和。

（3）在 F 中删除这两棵树，同时将新得到的二叉树加入 F 中。

（4）重复（2）和（3），直到 F 只含一棵树为止。这棵树便是赫夫曼树。

3. 赫夫曼树编码

在进行远距离快速通信时，通常是将传送的文字转换成由二进制字符组成的字符串，称为电文。每一个文字编码的长度取决于电文中用到的文字的多少。

前缀编码：任意一个字符的编码都不是另一个字符编码的前缀的编码。

赫夫曼编码：利用赫夫曼树设计电文总长最短的二进制前缀编码。

赫夫曼编码的构造过程：

设需要编码的字符集合为 $\{d_1, d_2, \cdots, d_n\}$，各个字符在电文中出现的次数集合为 $\{w_1, w_2, \cdots, w_n\}$，以 $d_1, d_2, \cdots, d_n$ 作为叶结点，以 $w_1, w_2, \cdots, w_n$ 作为各根结点到每个叶结点的权值构造一棵二叉树，规定赫夫曼树中左分支为 0，右分支为 1，则从根结点到每个叶结点所经过的分支对应的 0 和 1 组成的序列便为该结点对应字符的编码。这样的编码称为赫夫曼编码。

6.2 常见题型及典型题精解

例 6.1 如果一棵度为 m 的树中，度为 1 的结点数为 n_1，度为 2 的结点数 n_2，……，

度为 m 的结点数为 n_m，那么该树中含有多少个叶子结点？有多少个非终端结点？

【例题解答】 设度为 0 的结点（即终端结点或叶子结点）数目为 n_0，树中分支数目为 B，树中总的结点数目为 N，则有：

（1）从结点的度考虑：$N=n_0+n_1+n_2+\cdots+n_m$。

（2）从分支数目考虑：一棵树中只有一个根结点，其他的均为孩子结点，而孩子结点可以由分支数得到，故有 $N=B+1=1+0\times n_0+1\times n_1+2\times n_2+\cdots+m\times n_m$。

由（1）和（2）相等，得到 $n_0+n_1+n_2+\cdots+n_m=1+0\times n_0+1\times n_1+2\times n_2+\cdots+m\times n_m$。

从而可以得到叶子结点的数目为 $n_0=1+0\times n_1+1\times n_2+2\times n_3+\cdots+(m-1)\times n_m=1+\sum\limits_{i=2}^{m}n_i$。

从而可以得到非终端结点的数目为 $N-n_0=n_1+n_2+\cdots+n_m=\sum\limits_{i=1}^{m}n_i$。

例 6.2　一个含有 n 个结点的 k 叉树，可能达到的最大深度和最小深度各为多少？

【例题解答】

（1）当 k 叉树中只有一个层的分支数为 n，其他层的分支数均为 1 时，此时的树具有最大的深度，即为 $n-k+1$。

（2）当该 k 叉树为完全 k 叉树时，其深度最小。参照二叉树的性质 4 得到，其深度为 $\lfloor \log_k n\rfloor+1$。

例 6.3　假设一棵树的广义表表示为 $a(b(e)),c(f(h,i,j,g),d)$，分别写出先序、后序、按层遍历的结果。

【例题解答】 按照树遍历的规则，可分别得到：

（1）先序序列为：a,b,e,c,f,h,i,j,g,d。

（2）后序序列为：e,b,h,i,j,f,g,c,d,a。

（3）按层次遍历的序列为：a,b,c,d,e,f,g,h,i,j。

例 6.4　若一棵二叉树后序遍历和中序遍历序列分别为：后序序列为 $DHEBFIGCA$，中序序列为 $DBEHAFCIG$。试画出这棵二叉树。

【例题解答】 由后序序列可知，A 是根结点，将中序序列分为两部分，即 $DBEH$ 和 $FCIG$，前者为左子树的结点，后者为右子树的结点。对于左子树中序 $DBEH$，在后序序列中的顺序为 $DHEB$，说明左子树的根结点为 B，同样，B 将其中序序列 $DBEH$ 分为 D 和 HE，则 B 结点的左子树只有 D 一个结点；对于 EH，在后序序列中的顺序为 HE，则 B 结点的右子树的根结点为 E，E 结点的右子树只有 H 一个结点。采用同样的方法求出 A 结点的右子树。因此对应的二叉树如图 6.7 所示。

图 6.7　一棵二叉树

例 6.5　设一棵三叉树中有 n_1 个度为 1 的结点，n_2 个度为 2 的结点，n_3 个度为 3 的结点，求解该三叉树的叶子结点个数。

【例题解答】设度为 0 的结点（即终端结点或叶子结点）数目为 n_0，树中分支数目为 B，树中总的结点数目为 N，则有：

（1）从结点的度考虑：$N=n_0+n_1+n_2+n_3$。

（2）从分支数目考虑：一棵树中只有一个根结点，其他的均为孩子结点，而孩子结点可以由分支数得到，故有 $N=B+1$。

由于这些分支是由度为 1 或 2 或 3 的结点射出的，所以又有 $B=n_1+2n_2+3n_3$。

由（1）和（2）相等，得到 $n_0=n_2+2n_3+1$。

即该三叉树的叶子结点数为 n_2+2n_3+1。

例 6.6 画出图 6.8 所示的二叉树的二叉链表、三叉链表和顺序存储结构。

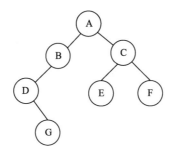

图 6.8 二叉树

【例题解答】 图 6.8 所示的二叉树的二叉链表和三叉链表如图 6.9 和图 6.10 所示，顺序存储结构如图 6.11 所示。

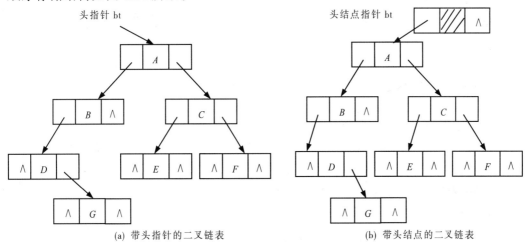

(a) 带头指针的二叉链表   (b) 带头结点的二叉链表

图 6.9 图 6.8 所示二叉树的二叉链表表示

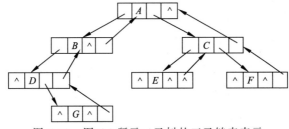

图 6.10 图 6.8 所示二叉树的三叉链表表示

A	B	C	D	$\wedge$	E	F	$\wedge$	G	$\wedge$	$\wedge$	$\wedge$	$\wedge$

图 6.11　图 6.8 所示二叉树的顺序存储结构

例 6.7　对图 6.7 和图 6.8 所示的二叉树写出对它们进行先序、中序和后序遍历时得到的结点序列。

【例题解答】　对图 6.7 进行先序、中序和后序遍历时得到的结点序列分别如下：

先序遍历的结点序列为：A，B，D，E，H，C，F，G。

中序遍历的结点序列为：D，B，E，H，A，F，C，I，G。

后序遍历的结点序列为：D，H，E，B，F，I，G，C，A。

对图 6.8 进行先序、中序和后序遍历时得到的结点序列分别如下：

先序遍历的结点序列为：A，B，D，G，C，E，F。

中序遍历的结点序列为：D，G，B，A，E，C，F。

后序遍历的结点序列为：G，D，B，E，F，C，A。

例 6.8　已知一棵满二叉树结点个数为 20 到 40 之间的素数，此二叉树的叶子结点有多少个？

【例题解答】　一棵深度为 h 的满二叉树的结点个数为 2^h-1，则有 $20 \leq 2^h-1$ 和 ≤ 40。即 $21 \leq 2^h \leq 41$，$h=5$（总结点数 $=2^h-1=31$ 为素数，实际上为素数的条件是多余的）。满二叉树中，叶子结点均集中在底层，所以结点个数为 $2^{5-1}=16$ 个。

例 6.9　对给定的数列 $R=\{15,12,7,21,9,18,20,4,30\}$，构造一棵二叉排序树，并且：

（1）给出按中序遍历得到的序列。

（2）给出按后序遍历得到的序列。

【例题解答】　本题产生的二叉排序树如图 6.12 所示。

（1）按中序遍历得到的序列为 4,7,9,12,15,18,20,21,30。

（2）按后序遍历得到的序列为 4,9,7,12,20,18,30,21,15。

例 6.10　设给定权集 $w=\{5,7,2,3,6,8,9\}$，试构造关于 w 的一棵赫夫曼树，并求其加权路径长度 WPL。

【例题解答】　本题的赫夫曼树如图 6.13 所示。

其加权路径长度 $WPL=2\times4+3\times4+5\times3+6\times3+7\times3+8\times2+9\times2=108$。

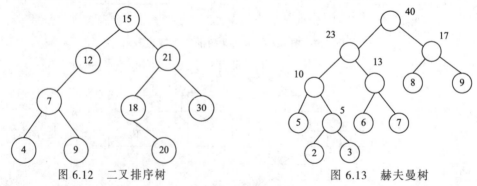

图 6.12　二叉排序树　　　　　　图 6.13　赫夫曼树

例 6.11　假设二叉树采用链式存储方式存储,编写对二叉树进行先序遍历的非递归算法。

【例题解答】 依题意，使用一个栈 stack 实现非递归的先序遍历，二叉树以二叉链表存放，一维数组 stack[MAXNODE]用以实现栈，变量 top 用来表示当前栈顶的位置。

其实现该功能的函数如下：

```
void NRPreOrder(BiTree bt)
/*非递归先序遍历二叉树*/
{ BiTree  stack[MAXNODE],p;
  int  top;
  if(bt==NULL)
    return;
    top=0;
    p=bt;
    while(!(p==NULL&&top==0))
     { while(p!=NULL)
         { Visite(p->data);            /*访问结点的数据域*/
           if(top<MAXNODE-1)           /*将当前指针p压栈*/
            { stack[top]=p;
             top++;
             }
           else
           { printf("栈溢出");
                return;
           }
           p=p->lchild;               /*指针指向p的左孩子*/
         }
       if(top<=0)
         return;                      /*栈空时结束*/
       else
         { top--;
           p=stack[top];             /*从栈中弹出栈顶元素*/
           p=p->rchild;              /*指针指向p的右孩子结点*/
         }
     }
   }
```

例 6.12 假设二叉树采用链式存储方式存储，编写对二叉树进行后序遍历的非递归算法。

【例题解答】 由前面的讨论可知，后序遍历与先序遍历和中序遍历不同，在后序遍历过程中，结点在第一次出栈后，还需再次入栈，也就是说，结点要入两次栈，出两次栈，而访问结点是在第二次出栈时访问。因此，为了区别同一个结点指针的两次出栈，设置一个标志 flag，令：

$$flag = \begin{cases} 1 & \text{第一次出栈，结点不能访问} \\ 2 & \text{第二次出栈，结点可以访问} \end{cases}$$

当结点指针进、出栈时，其标志 flag 也同时进、出栈。因此，可将栈中元素的数据类型定义为指针和标志 flag 合并的结构体类型。定义如下：

```
typedef struct {
  BiTree  link;
  int  flag;
}stacktype;
```

后序遍历二叉树的非递归算法如下。在算法中，一维数组 stack[MAXNODE]用于实现栈的结构，指针变量 p 指向当前要处理的结点，整型变量 top 用来表示当前栈顶的位置，整型变量 sign 为结点 p 的标志量。

其实现该功能的函数如下：

```
void NRPostOrder(BiTree  bt)
/*非递归后序遍历二叉树 bt*/
{ stacktype stack[MAXNODE];
  BiTree p;
  int top,sign;
  if(bt==NULL) return;
  top=-1                              /*栈顶位置初始化*/
  p=bt;
  while(!(p==NULL&&top==-1))
  { if(p!=NULL)                       /*结点第一次进栈*/
      { top++;
        stack[top].link=p;
        stack[top].flag=1;
        p=p->lchild;                  /*找该结点的左孩子*/
      }
    else
    { p=stack[top].link;
        sign=stack[top].flag;
        top--;
        if(sign==1)                   /*结点第二次进栈*/
        { top++;
          stack[top].link=p;
          stack[top].flag=2;          /*标记第二次出栈*/
          p=p->rchild;
        }
        else
        { visite(p->data);            /*访问该结点数据域值*/
          p=NULL;
        }
    }
  }
}
```

例 6.13   具有 n 个结点的完全二叉树，已经顺序存储在一维数组 A[1..n]中，下面算法是将 A 中顺序存储变成二叉链表存储的完全二叉树。请在空缺处填入适当语句，以完成上述算法。

```
#define <整型常量>
Typedef struct node{
  ElemType data;
  Struct node *lchild,*rchild;
}pointer;
Typedef ElemType ar[n+1];
Void createtree(pointer &t,int i)
{_____①_____;
 t->data=A[i];
 if(_____②_____)
   createtree(_____③_____);
 else
```

```
      r->lchild=NULL;
   if(_____④_____)
      createtree(_____⑤_____);
   else
      r->rchild=NULL;
   }
void  BTree(ar  a,pointer *p)
{ int j;
   j=_____⑥_____;
   createtree(p,j);
}
```

【例题解答】 对于 ar 数组下标从 0 开始的情况，答案如下：

① t=(pointer *)malloc(sizeof(pointer));

② ar[2*i+1]!=' ';

③ t->lchild, 2*i+1;

④ ar[2*i+2]!=' ';

⑤ t->rchild, 2*i+2;

⑥ j=0。

对于 ar 数组下标从 1 开始的情况，答案如下：

① t=(pointer *)malloc(sizeof(pointer));

② ar[2*i]!=' ';

③ t->lchild, 2*i;

④ ar[2*i+1]!=' ';

⑤ t->rchild, 2*i+1;

⑥ j=1。

例 6.14 编写中序线索二叉树中求结点后继的算法，并以此写出中序遍历二叉树的非递归算法。

【例题解答】 在中序线索二叉树中求结点后继的算法：由于是中序线索二叉树，后继有时可直接利用线索得到，rtag 为 0 时需要查找，即右子树中最左下的子孙便为后继结点。本函数如下：

```
BTree  succ(BTree p)
{ BTree q;
   if(p->rtag==1)
      return(p->rchild);   /*由后继线索直接得到*/
   else
    { q=p->rchild;
      while(q->ltag==0)
         q=q->lchild;
      return(q);
     }
}
```

以此给出中序遍历二叉树的非递归算法，只要从头结点出发，反复找到结点的后继，直至结束。本函数如下：

```
void thinorder(BTree t,BTree h)
{ if(t!=NULL)
```

```
    { p=h;
      do
      { printf("%d",p->data);
        p=succ(p);
      } while(p!=NULL);
    }
}
```

例 6.15　有一份报文共使用5个字符：a,b,c,d,e,它们出现的频率依次是 4,7,5,2,9，给出每个字符的赫夫曼编码。

【例题解答】　构造的赫夫曼树如图 6.14 所示，对应的赫夫曼编码为：

赫夫曼编码：　a: 000
　　　　　　　b: 10
　　　　　　　c: 01
　　　　　　　d: 001
　　　　　　　e: 11

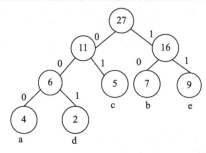

图 6.14　构造的赫夫曼树

6.3　学习效果测试

1. 单项选择题

（1）树中所有结点的度等于所有结点数加（　　　）。

　　A. 0　　　　　　　　B. 1　　　　　　　　C. −1　　　　　　　D. 2

（2）在一棵树中，每个结点最多有（　　　）个前驱结点。

　　A. 0　　　　　　　　B. 1　　　　　　　　C. 2　　　　　　　　D. 任意多个

（3）在一棵度为 3 的树中，度为 3 的结点数为 2 个，度为 2 的结点数为 1 个，度为 1 的结点数 2 个，则度为 0 的结点数为（　　　）个。

　　A. 3　　　　　　　　B. 4　　　　　　　　C. 5　　　　　　　　D. 6

（4）在一棵二叉树上第 5 层的结点数最多为（　　　）。

　　A. 16　　　　　　　B. 15　　　　　　　C. 8　　　　　　　　D. 32

（5）在一棵具有 n 个结点的二叉树的第 i 层上，最多具有（　　　）个结点。

　　A. 2^{i}　　　　　　　B. 2^{i+1}　　　　　　C. 2^{i-1}　　　　　　D. 2^{n}

（6）一棵具有 35 个结点的完全二叉树的深度为（　　　）。

　　A. 6　　　　　　　　B. 7　　　　　　　　C. 5　　　　　　　　D. 8

（7）在一棵完全二叉树中，若编号为 i 的结点存在右孩子，则右孩子结点的编号为（　　　）。

    A. 2i B. 2i–1   C. 2i+1   D. 2i+2

（8）下列 4 棵二叉树中（　　　）不是完全二叉树。

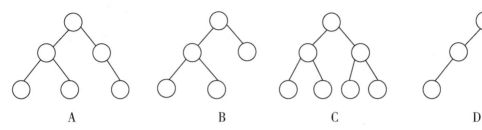

       A   B   C   D

（9）下列 4 棵二叉树中（　　　）是平衡二叉树。

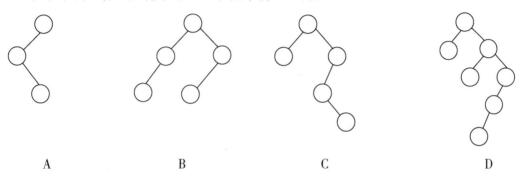

       A   B   C   D

（10）设高度为 h 的二叉树上只有度为 0 和度为 2 的结点，则此类二叉树中所包含的结点数至少为（　　　）。

    A. 2h B. 2h–1   C. 2h+1   D. h+1

（11）某二叉树的先序遍历结点访问的顺序是 $abdgcefh$，中序遍历的结点访问顺序是 $dgbaechf$，则其后序遍历的结点访问顺序是（　　　）。

    A. $bdgcefha$ B. $gdbecfha$ C. $bdgaechf$ D. $gdbehfca$

（12）如果 T2 是由有序树 T 转换而来的二叉树，那么 T 中结点的后序就是 T2 中结点的（　　　）。

    A. 先序   B. 中序   C. 后序   D. 层次序

（13）按照二叉树的定义，具有 3 个结点的二叉树有（　　　）种状态。

    A. 5   B. 4   C. 3   D. 30

（14）对一个满二叉树，m 个树叶，n 个结点，深度为 h，则（　　　）。

    A. $n=h+m$ B. $h+m=2n$ C. $m=h$–1   D. $n=2^h-1$

（15）实现任意二叉树的后序遍历的非递归算法而不使用栈结构，最佳方案是二叉树采用（　　　）存储结构。

    A. 二叉链表   B. 广义表存储结构

    C. 三叉链表   D. 顺序存储结构

（16）线索二叉树是一种（　　　）结构。

    A. 逻辑   B. 逻辑与存储   C. 物理   D. 线性

（17）一棵树的广义表表示为 $a(b,c(e,f(g)),d)$，当用孩子兄弟链表表示时，右指针域非空的结点个数为（   ）。

    A. 1   B. 2   C. 3   D. 4

（18）利用 n 个值生成的赫夫曼树中共有（   ）结点。

    A. n B. $n+1$ C. $2n$ D. $2n-1$

（19）利用 3，6，8，12 这 4 个值作为叶子结点的权，生成一棵赫夫曼树，该树的带权路径长度为（   ）。

    A. 55   B. 29   C. 58   D. 38

（20）利用 3，6，8，12，5，7 这六个值作为叶子结点的权，生成一棵赫夫曼树，该树的深度为（   ）。

    A. 3   B. 4   C. 5   D. 6

2. 填空题

（1）有一棵树如图 6.15 所示，回答下面的问题：

① 这棵树的根结点是＿＿＿＿＿＿＿＿＿＿＿＿＿＿＿；

② 这棵树的叶子结点是＿＿＿＿＿＿＿＿＿＿＿＿＿；

③ 结点 C 的度是＿＿＿＿＿＿＿＿＿＿＿＿＿＿＿＿；

④ 这棵树的度是＿＿＿＿＿＿＿＿＿＿＿＿＿＿＿＿；

⑤ 这棵树的深度是＿＿＿＿＿＿＿＿＿＿＿＿＿＿；

⑥ 结点 C 的子女是＿＿＿＿＿＿＿＿＿＿＿＿＿＿；

⑦ 结点 C 的父结点是＿＿＿＿＿＿＿＿＿＿＿＿＿；

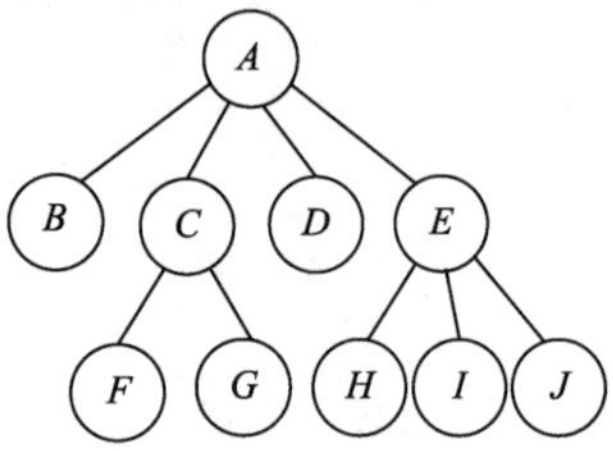

图 6.15 一棵树

（2）指出树与二叉树的三个主要区别＿＿＿＿＿＿，＿＿＿＿＿＿，＿＿＿＿＿＿。

（3）对于一棵具有 n 个结点的树，该树中所有结点的度数之和为＿＿＿＿＿＿。

（4）在一棵树中，＿＿＿＿＿＿结点没有前驱结点，其余每个结点有并且只有一个＿＿＿＿＿＿，可以有任意多个＿＿＿＿＿＿结点。

（5）一棵树的广义表表示为 $a(b(c,d(e,f),g(h)),i(j,k(x,y)))$，结点 d 和 x 的层数分别为＿＿＿＿＿＿和＿＿＿＿＿＿。

（6）在一棵二叉树中，假定度为 2 的结点数为 5 个，度为 1 的结点数为 6 个，则叶子结点数为＿＿＿＿＿＿个。

（7）假定一棵二叉树顺序存储在一维数组 a 中，但让编号为 1 的结点存入 a[0]元素中，让编号为 2 的结点存入 a[1]元素中，其余类推，则编号为 i 的结点的左孩子结点对应的存储位置为＿＿＿＿＿＿，若编号为 i 结点的存储位置用 j 表示，则其左孩子结点对应的存储位置为＿＿＿＿＿＿。

（8）结点最少的树为＿＿＿＿＿＿，结点最少的二叉树为＿＿＿＿＿＿。

（9）对于一棵含有 40 个结点的完全平衡树，它的高度为＿＿＿＿＿＿。

（10）若由 3，6，8，12，10 作为叶子结点的值生成一棵赫夫曼树，则该树的高度为＿＿＿＿＿＿，带权路径长度为＿＿＿＿＿＿。

3. 简答题

（1）写出如图 6.15 所示树的叶子结点、非终端结点、每个结点的度和树的深度。

（2）已知一棵树的边的集合表示为：{(L,N),(G,K),(G,L),(G,M),(B,E),(B,F),(D,G),(D,H),

(*D,I*),(*D,J*),(*A,B*),(*A,C*),(*A,D*)}。

请画出这棵树，并回答以下问题：

① 树的根结点是哪个？哪些是叶子结点？哪些是非终端结点？

② 树的度是多少？各个结点的度是多少？

③ 树的深度是多少？各个结点的层数是多少？

④ 对于 *G* 结点，它的双亲结点、祖先结点、孩子结点、子孙结点、兄弟和堂兄弟分别是哪些结点？

（3）具有 *n* 个结点的满二叉树的叶子结点的个数是多少？

（4）已知完全二叉树的第 8 层有 8 个结点，则其叶子结点数是多少？

（5）二叉树结点数值采用顺序存储结构，如图 6.16 所示。

a	*b*	*c*	∧	*d*	∧	*e*	∧	∧	*f*	*g*	∧	∧	*h*	*i*	∧	∧	∧	∧	*j*
1	2	3	4	5	6	7	8	9	10	11	12	13	14	15	16	17	18	19	20

图 6.16　顺序存储结构的二叉树

① 画出二叉树表示。

② 写出先序遍历、中序遍历和后序遍历的结果。

③ 写出结点值 *d* 的父结点，其左、右孩子。

④ 画出把此二叉树还原成森林的图。

（6）已知一棵二叉树的中序序列为 *cbedahgijf*，后序序列为 *cedbhjigfa*，画出该二叉树的先序线索二叉树。

（7）设数据集合 *d*={1,12,5,8,3,10,7,13,9}，试完成下列各题：

① 依次取 *d* 中各数据，构造一棵二叉排序树 bt；

② 如何依据此二叉树 bt 得到 *d* 的一个有序序列？

③ 画出在二叉树 bt 中删除结点"12"后的树的结构。

（8）试找出分别满足下面条件的所有二叉树：

① 先序序列和中序序列相同。

② 中序序列和后序序列相同。

③ 先序序列和后序序列相同。

（9）设有一组权值 wg={1,4,9,16,25,36,49,64,81,100}，试画出其赫夫曼树，并计算带权的路径长度。

（10）假定用于通信的电文由 8 个字母 *A,B,C,D,E,F,G,H* 组成，各字母在电文中出现的频率为 5%，25%，4%，7%，9%，12%，30%，8%，试为这 8 个字母设计赫夫曼编码，并求其加权路径长度 WPL。

4．算法设计题

（1）已知二叉树采用二叉链表方式存储，要求返回二叉树 T 的后序序列中的第一个结点的指针，是否可不用递归且不用栈来完成？请说明原因。

（2）假设二叉树采用二叉链表存储结构，设计一个非递归算法求二叉树的高度。

（3）假设二叉树采用链式存储结构，设计一个算法求二叉树中指定结点的层数。

（4）给定一棵二叉树，其根指针为 root。试写出求二叉树结点数目的算法（递归算法或者非递归算法）。

（5）以二叉链表为存储结构，编写计算二叉树中叶子结点数目的递归函数。

（6）试以二叉链表为存储结构，编写按层次顺序遍历二叉树的算法。

（7）下面的过程对二叉树进行后序遍历（非递归）。假设已有栈的一些操作过程说明和树的结点类型说明。在空缺处填写适当的语句。

```
void post(BTree *p)
{ BTree *q;
  linkstack *s;
  if(p!=NULL)
  {initstack(s);                    // 建立一个 s 栈, 并初始化为空栈
    while(p!=NULL||!empty(s))        // 栈不空
    { if(p!=NULL)
        { push(s,p);
              ①
        }
        else
        { p=gettop(s);              // 取栈顶元素进行判断
          if(p!=NULL)
          { push(s,NULL);           // 标记 NULL 进栈
                ②         ;
          }
          else
          {      ③         ;
            q=pop(s);
            printf("%d",q->data);
          }
        }
    }
  }
}
```

（8）试设计在一个 bt 二叉树中查找数据元素 x 的算法。

（9）设二叉树以二叉链表表示，给出树中一个非根结点（由指针 p 所指），并求它的兄弟结点（用指针 q 指向；若没有兄弟结点，则 q 为空）。

（10）假设二叉树用二叉链表表示，试编写一个算法，判别给定二叉树是否为完全二叉树。

（11）已知一棵二叉树的后序遍历序列和中序遍历序列，写出可以唯一确定一棵二叉树的算法。（提示：根据后序遍历和中序遍历的特点，采用递归算法实现。）

6.4 上机实验题及参考代码

实验题 6.1 二叉树的建立算法。

设计一个程序：用递归算法动态建立一棵二叉树 T。

对应的程序代码如下：

```
# define NULL  0
#define ERROR 0
#include <stdlib.h>
typedef struct bitnode
```

```
{char data;
 struct bitnode *lchild,*rchild;
}BITNODE,*BITREE;
BITREE creattree(BITNODE *T)
{char ch;
    scanf("%c",&ch);
    if(ch=='#')
       T=NULL;
    else
    {if(!T)
     return ERROR;
     T->data=ch;
     creattree(T->lchild);
     creattree(T->rchild);
    }
     return T;
}
main()
{BITNODE *root,*h;
 h=(BITNODE*)malloc(sizeof(BITNODE));
 root=creattree(h);
}
```

实验题 6.2 顺序读入二叉树结点字符序列，写一个算法，用非递归方法创建一棵二叉树，并且用递归算法中序遍历。

对应的程序代码如下：

```
#define maxsize 100
#define null 0
typedef struct node
{ char data;
  struct node *lchild,*rchild;
}BTNode;
BTNode *creatBTNode(BTNode *b,char *str)
{ BTNode *st[maxsize],*p=null,*t;
  int top=-1,k,j=0;
  char ch;
  b=null;
  ch=str[j];
  while(ch!='\0')
  { switch(ch)
        { case '(':top++;st[top]=p;k=1;break;
          case ')':top--;break;
          case ',':k=2;break;
          default:p=(BTNode*)malloc(sizeof(BTNode));
          p->data=ch; p->lchild=p->rchild=null;
          if(b==null)
          { b=p;
            t=p;
          }
          else
          { switch(k)
            { case 1:st[top]->lchild=p;break;
```

```
                case 2:st[top]->rchild=p;break;
            }
        }
      }
      j++;
      ch=str[j];
    }
    return t;
}
void inorder(BTNode *t)
{ if(t!=null)
    { inorder(t->lchild);
      printf("%c",t->data);
      inorder(t->rchild);
    }
}
main()
{ BTNode *b,*h;
  b=null;
  h=creatBTNode(b,"A(B(D,E(H(J,K(L,M(,N))))),C(F,G(,I)))");
  inorder(h);
}
```

实验题 6.3   编写一个算法，用非递归算法实现二叉树的中序遍历。

对应的程序代码如下：

```
#define NULL  0
#define M  20
typedef struct bitnode
{ char data;
  struct bitnode *lchild,*rchild;
}BITNODE,*BITREE;
void inorder(BITREE T)
{ if(T)
  { inorder(T->lchild);
    printf("%c",T->data);
    inorder(T->rchild);
  }
}
void inorderf(BITNODE *t)
{ BITNODE *p,*stack[M];
  int top=0;
  p=t;
  do
  { while(p!=NULL)
    { stack[top++]=p;
      p=p->lchild;
    }
    if(top>0)
    { p=stack[--top];
      printf("%c",p->data);
      p=p->rchild;
    }
  }
```

```
      while(top>0||p!=NULL);
}
main()
{ BITNODE a,b,c,d,e,*h;
  h=&a;  a.data='A';  a.lchild=&b;  a.rchild=&c;
  b.data='B';  b.lchild=&d;  b.rchild=&e;
  c.data='C';  c.lchild=NULL;  c.rchild=NULL;
  d.data='D';  d.lchild=NULL;  d.rchild=NULL;
  e.data='E';  e.lchild=NULL;  e.rchild=NULL;
  inorder(h);
  printf("\n");
  inorderf(h);
}
```

实验题 6.4 由遍历序列构造二叉树。

设计一个程序，实现由先序遍历序列和中序遍历序列以及由中序遍历序列和后序遍历序列构造一棵二叉树的功能。要求以括号表示和凹入表示法输出该二叉树，并用先序遍历序列"ABDEHJKLMNCFGI"和中序遍历序列"DBJHLKMNEAFCGI"以及由中序遍历序列"DBJHLKMNEAFCGI"和后序遍历序列"DJLNMKHEBFIGCA"进行验证。

对应的程序代码如下：

```
#include <stdio.h>
#include <malloc.h>
#define MaxSize 100
#define MaxWidth 40
typedef char ElemType;
typedef struct node
{ ElemType data;                                //数据元素
  struct node *lchild;                          //指向左孩子
  struct node *rchild;                          //指向右孩子
} BTNode;
extern void DispBTNode(BTNode *b);
extern void DestroyBTNode(BTNode *&b);
BTNode *CreateBT1 (char *pre,char *in,int n)
{ BTNode *s;
  char *p;
  int k;
  if(n<=0)
    return NULL;
    s=(BTNode*)malloc(sizeof(BTNode));          //创建二叉树结点*s
    s->data=*pre;
    for(p=in;p<in+n;p++)                        //在中序序列中找等于*ppos 的位置 k
        if(*p==*pre)
          break;
  k=p-in;
  s->lchild=CreateBT1(pre+1,in,k);
  s->rchild=CreateBT1(pre+k+1,p+1,n-k-1);
  return s;
}
BTNode *CreateBT2(char *post,char *in,int,n,int m)
{   BTNode *s;
    char *p,*q,*maxp;
    int maxpost,maxin,k;
    if(n<=0) return NULL;
```

```
        maxpost=-1;
        for(p=in;p<in+n;p++)     //求 in 中全部字符中在 post 中最右边的那个字符
            for(q=post;q<post+m;q++)
                    //在 in 中用 maxp 指向这个字符，用 maxin 标识它在 in 中的下标
            if(*p==*q)
            { k=q-post;
                if(k>maxpost)
                { maxpost=k;
                  maxp=p;
                  maxin=p-in;
                }
            }
        s=(BTNode*)malloc(sizeof(BTNode));      //创建二叉树结点*s
        s->data=post[maxpost];
        s->lchild=CreateBT2(post,in,maxin,m);
        s->rchild=CreateBT2(post,maxp+1,n-maxin-1,m);
        return s;
}
void DisBTNode1 (BTNode *b)            //以凹入表示法输出一棵二叉表
{    BTNode *St[MaxSize],*p;
    int level[MaxSize][2],top=-1,n,I,width=4;
    char type;
    if(b!=NULL)
    {   top++;
        St [top]=b;                    //根结点进栈
        level[top][0]=width;
        level[top][1]=2;               //2 表示是根
        while(top>-1)
        {   p=St[top];                 //退栈并凹入显示该结点值
        n=level[top][0];
        switch(level[top][1])
        {
        case 0:type='L';break;         //左结点之后输出（L）
        case 1:type='R';break;         //右结点之后输出（R）
        case 2:type='B';break;         //根结点之后输出（B）
        }
        for(i=1;i<=n;i++)              //其中 n 为显示场宽，字符以后对其显示
            printf(" ");
            printf("%c(%c) ",p->data,type);
            for(i=n+1;i<=MaxWidth;i+=2)
                printf("-");
            printf("\n");
            top--;
            if(p->rchild!=NULL)
            {   top++;                             //将右子树根结点进栈
                St[top]=p->rchild;
                level[top][0]=n+width;             //显示场宽增 width
                level[top][1]=1;                   //1 表示是右子树
            }
            if(p->lchild!=NULL)
            {   top++;                             //将左子树根结点进栈
                St[top]=p->lchild;
                level[top][0]=n+width;             //显示场宽增 width
                level[top][1]=0;                   //0 表示是左子树
            }
```

```
            }
        }
}
void main()
{   BTNode *b;
    ElemType pre[]="ABDEHJKLMNCFGI";
    ElemType in[]="DBJHLKMNEAFCGI";
    ElemType post[]="DJLNMKHEBFIGCA";
    b=CreateBT1(pre, in, 14);
    printf("先序序列: %s\n",pre);
    printf("中序序列: %s\n",in);
    printf("构造一棵二叉树b:\n");
    printf("括号表示法: ");DispBTNode(b);printf("\n");
    printf("凹入表示法: \n");DispBTNode1(b);printf("\n\n");
    printf("中序序列: %s\n",in);
    printf("后序序列: %s\n",post);
    b=CreateBT2 (post, in, 14,14);
    printf("构造一棵二叉树b:\n");
    printf("括号表示法: ");DispBTNode(b);printf("\n");
    printf("凹入表示法: \n");DispBTNode1(b);printf("\n");
    DestroyBTNode(b);
}
```

程序执行结果如下:

```
先序序列: ABDEHJKLMNCFGI
中序序列: DBJHLKMNEAFCGI
构造一棵二叉树b:
   括号表示法: A(B(D,E(H(J,K(L,M(,N))))),C(F,G(,I)))
   凹入表示法:
   A(B)------------------------------------------------------
      B(L)---------------------------------------------------
         D(L)------------------------------------------------
         E(R)------------------------------------------------
            H(L)--------------------------------------------
               J(L)-----------------------------------------
               K(R)-----------------------------------------
                  L(L)--------------------------------------
                  M(R)--------------------------------------
                     N(R)---------------------------
      C(R)---------------------------------------------------
         F(L)------------------------------------------------
         G(R)------------------------------------------------
            I(R)--------------------------------------------
中序序列: DBJHLKMNEAFCGI
后序序列: DJLNMKHEBFIGCA
构造一棵二叉树b:
   括号表示法: A(B(D,E(H(J,K(L,M(,N))))),C(F,G(,I)))
   凹入表示法:
   A(B)------------------------------------------------------
      B(L)---------------------------------------------------
         D(L)------------------------------------------------
         E(R)------------------------------------------------
            H(L)--------------------------------------------
```

```
              J(L) ------------------------------------
              K(R) -----------------------------------
                L(L) ----------------------------
                M(R) ----------------------------
                  N(R) --------------------
   C(R) ---------------------------------------------------
     F(L) -------------------------------------------------
     G(R) ------------------------------------------------
       I(R) ----------------------------------------------
```

第7章

图 ⋘

【重点】

- 了解图的定义和术语。
- 掌握图的各种存储结构。
- 掌握图的深度优先搜索和广度优先搜索遍历算法。
- 理解最小生成树、最短路径、拓扑排序、关键路径等图的常用算法。

【难点】

本章的难点在于图的应用的各种算法，主要包括最小生成树、最短路径、拓扑排序、关键路径等图的常用算法。

7.1 重点内容概要

7.1.1 图的基本概念

1．图的定义

图 G 由两个集合 V 和 E 组成，记为 $G=(V,E)$，其中 V 是一个有限、非空的顶点（Vertex）集合，E 是由顶点偶对组成的集合，这些顶点偶对称为边（Edge）。通常，$V(G)$ 和 $E(G)$ 分别表示图 G 的顶点集合和边集合。$E(G)$ 也可以为空集。若 $E(G)$ 为空，则图 G 只有顶点而没有边。

2．图的基本术语

（1）顶点：图中的数据元素。

（2）有向图：在一个图中，如果任意两个顶点构成的偶对 $(v_i, v_j) \in E$ 是有序的，即顶点之间的连线是有方向的，则称该图为有向图。

（3）无向图：在一个图中，如果任意两个顶点构成的偶对 $(v_i, v_j) \in E$ 是无序的，即顶点之间的连线是没有方向的，则称该图为无向图。

（4）无向完全图：在一个无向图中，如果任意两顶点都有一条直接边相连接，则称该图为无向完全图。可以证明，在一个含有 n 个顶点的无向完全图中，有 $n(n-1)/2$ 条边。

（5）有向完全图：在一个有向图中，如果任意两顶点之间都有方向互为相反的两条弧相连接，则称该图为有向完全图。在一个含有 n 个顶点的有向完全图中，有 $n(n-1)$ 条边。

（6）稀疏图：边很少（如 $e<n \times \log_2 n$）的图称为稀疏图。

（7）稠密图：边很多（如 $e>n\log_2 n$）的图称为稠密图。

（8）子图：对于图 $G=(V,E)$，$G'=(V',E')$，若存在 V' 是 V 的子集，E' 是 E 的子集，则称图 G' 是 G 的一个子图。

（9）端点和邻接点：在一个无向图中，若存在一条边 $<v_i,v_j>$，则称 v_i 和 v_j 为该边的两个端点，并称它们互为邻接点。

（10）起点（始点）和终点：在一个有向图中，若存在一条弧 $<v_i,v_j>$，则称顶点 v_i 邻接到顶点 v_j，顶点 v_j 邻接自顶点 v_i；称 v_i 为起始端点（或起点），v_j 为终止端点（或终点）；称 v_i，v_j 互为邻接点。

（11）顶点的度、入度、出度：顶点的度（Degree）是指依附于某顶点 v 的边数，通常记为 TD (v)。在有向图中，要区别顶点的入度与出度的概念。顶点 v 的入度是指以顶点为终点的弧的数目，记为 ID (v)；顶点 v 出度是指以顶点为始点的弧的数目，记为 OD (v)。有 TD $(v)=$ID (v) + OD (v)。

（12）路径、路径长度：顶点 v_p 到顶点 v_q 之间的路径（Path）是指顶点序列 $v_p,v_{i1},v_{i2},\cdots,v_{im},v_q$。其中，$(v_p,v_{i1})$，$(v_{i1},v_{i2})$，$\cdots,(v_{im},v_q)$ 分别为图中的边。路径上边的数目称为路径长度。

（13）回路、简单路径、简单回路：第一个顶点和最后一个顶点相同的路径为回路或者环（Cycle）。序列中顶点不重复出现的路径称为简单路径。第一个顶点与最后一个顶点之外，其他顶点不重复出现的回路称为简单回路，或者简单环。

（14）连通的、连通图、连通分量：在无向图中，如果从一个顶点 v_i 到另一个顶点 $v_j(i\neq j)$ 有路径，则称顶点 v_i 和 v_j 是连通的。如果图中任意两顶点都是连通的，则称该图是连通图。无向图的极大连通子图称为连通分量。

（15）强连通图、强连通分量：对于有向图来说，若图中任意一对顶点 v_i 和 $v_j(i\neq j)$ 均有从一个顶点 v_i 到另一个顶点 v_j 有路径，也有从 v_j 到 v_i 的路径，则称该有向图是强连通图。有向图的极大强连通子图称为强连通分量。

（16）边的权、网图：与边有关的数据信息称为权（Weight）。在实际应用中，权值可以有某种含义。比如，在一个反映城市交通线路的图中，边上的权值可以表示该条线路的长度或者等级；对于一个电子线路图，边上的权值可以表示两个端点之间的电阻、电流或电压值；对于反映工程进度的图而言，边上的权值可以表示从前一个工程到后一个工程所需要的时间等。边上带权的图称为网图或网络（Network）。

（17）生成树：所谓连通图 G 的生成树，是 G 的包含其全部 n 个顶点的一个极小连通子图。它必定包含且仅包含 G 的 $n-1$ 条边。在生成树中添加任意一条属于原图中的边必定会产生回路，因为新添加的边使其所依附的两个顶点之间有了第二条路径。若生成树中减少任意一条边，则必然成为非连通的。

（18）生成森林：在非连通图中，由每个连通分量都可得到一个极小连通子图，即一棵生成树。这些连通分量的生成树就组成一个非连通图的生成森林。

7.1.2　图的存储结构

图是一种结构复杂的数据结构，表现在不仅各个顶点的度可以千差万别，而且顶点之间的逻辑关系也错综复杂。从图的定义可知，一个图的信息包括两部分，即图中顶点的信息以及描述顶点之间的关系——边或者弧的信息。因此无论采用什么方法建立图的存储结构，都要完整、准确地反映这两方面的信息。

下面介绍几种常用的图的存储结构。

1. 邻接矩阵

所谓邻接矩阵（Adjacency Matrix）的存储结构，就是用一维数组存储图中顶点的信息，用矩阵表示图中各顶点之间的邻接关系。假设图 $G = (V,E)$ 有 n 个确定的顶点，即 $V = \{v_0, v_1, \cdots, v_{n-1}\}$，则表示 G 中各顶点相邻关系为一个 $n \times n$ 的矩阵，矩阵的元素为：

$$A[i][j] = \begin{cases} 1 & \text{若}(v_i, v_j)\text{或}<v_i, v_j>\text{是 } E(G)\text{中的边} \\ 0 & \text{若}(v_i, v_j)\text{或}<v_i, v_j>\text{不是 } E(G)\text{中的边} \end{cases}$$

若 G 是网图，则邻接矩阵可定义为：

$$A[i][j] = \begin{cases} w_{ij} & \text{若}(v_i, v_j)\text{或}<v_i, v_j>\text{是 } E(G)\text{中的边} \\ 0 \text{ 或 } \infty & \text{若}(v_i, v_j)\text{或}<v_i, v_j>\text{不是 } E(G)\text{中的边} \end{cases}$$

其中，w_{ij} 表示边 (v_i, v_j) 或 $<v_i, v_j>$ 上的权值；∞ 表示一个计算机允许的、大于所有边上权值的数。用邻接矩阵表示法表示图如图 7.1 所示。

图 7.1　一个无向图的邻接矩阵表示

从图的邻接矩阵存储方法容易看出这种表示具有以下特点：

① 无向图的邻接矩阵一定是一个对称矩阵。因此，在具体存放邻接矩阵时只需存放上（或下）三角矩阵的元素即可。

② 对于无向图，邻接矩阵的第 i 行（或第 i 列）非零元素（或非 ∞ 元素）的个数正好是第 i 个顶点的度 $TD(v_i)$。

③ 对于有向图，邻接矩阵的第 i 行（或第 i 列）非零元素（或非 ∞ 元素）的个数正好是第 i 个顶点的出度 $OD(v_i)$（或入度 $ID(v_i)$）。

④ 用邻接矩阵方法存储图，很容易确定图中任意两个顶点之间是否有边相连；但是，要确定图中有多少条边，则必须按行、按列对每个元素进行检测，所花费的时间代价很大。这是用邻接矩阵存储图的局限性。

图的邻接矩阵存储表示。

在用邻接矩阵存储图时，除了用一个二维数组存储用于表示顶点间相邻关系的邻接矩阵外，还需用一个一维数组来存储顶点信息，另外还有图的顶点数和边数。故可将其形式描述如下：

```
#define MaxVertexNum 100        /*最大顶点数设为100*/
typedef char VertexType;        /*顶点类型设为字符型*/
typedef int EdgeType;           /*边的权值设为整型*/
```

```
typedef struct{
    VertexType vexs[MaxVertexNum];   /*顶点表*/
    EdeType edges[MaxVertexNum][MaxVertexNum];  /*邻接矩阵，即边表*/
    int n,e;                         /*顶点数和边数*/
}Mgragh;                             /*Maragh 是以邻接矩阵存储的图类型*/
```

2．邻接表

邻接表（Adjacency List）是图的一种顺序存储与链式存储结合的存储方法。邻接表表示法类似于树的孩子链表表示法。就是对于图 G 中的每个顶点 v_i，将所有邻接于 v_i 的顶点 v_j 连成一个单链表，这个单链表就称为顶点 v_i 的邻接表，再将所有点的邻接表表头放到数组中，就构成图的邻接表。在邻接表表示中有两种结点结构，如图 7.2 所示。

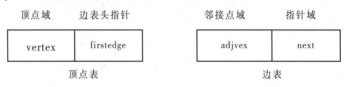

图 7.2　邻接表表示的结点结构

一种是顶点表的结点结构，它由顶点域（vertex）和指向第一条邻接边的指针域（firstedge）构成；另一种是边表（即邻接表）结点，它由邻接点域（adjvex）和指向下一条邻接边的指针域（next）构成。

对于无向图，边表中的结点数就是图中边数的两倍，每个单链表的结点数就是相应顶点的度。

对于有向图，边表中的结点数就等于图中边数，每个单链表的结点数就是相应顶点的出度，若要得到结点的入度可以编程求得，或者图用逆邻接表就是对图中的每个顶点 k_i 建立一个单链表，把被 k_i 邻接的顶点放在一个链表中，即边表中存放的是入度边而不是出度边。

邻接表表示的形式描述如下：

```
#define MaxVerNum 100            /*最大顶点数为 100*/
typedef struct node{             /*边表结点*/
    int adjvex;                  /*邻接点域*/
    struct node * next;          /*指向下一个邻接点的指针域*/
/*若要表示边上信息，则应增加一个数据域 info*/
}EdgeNode;
typedef struct vnode{            /*顶点表结点*/
    VertexType vertex;           /*顶点域*/
    EdgeNode * firstedge;        /*边表头指针*/
}VertexNode;
typedef VertexNode AdjList[MaxVertexNum];  /*AdjList 是邻接表类型*/
typedef struct{
    AdjList adjlist;             /*邻接表*/
    int n,e;                     /*顶点数和边数*/
}ALGraph;                        /*ALGraph 是以邻接表方式存储的图类型*/
```

3．十字链表

十字链表（Orthogonal List）是有向图的一种存储方法，它实际上是邻接表与逆邻接表的结合，即把每一条边的边结点分别组织到以弧尾顶点为头结点的链表和以弧头顶点为头顶点的链表中。在十字链表表示中，顶点表和边表的弧结点结构如图 7.3 所示。

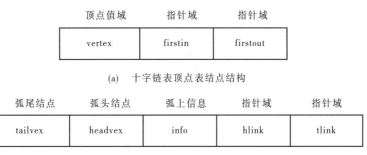

(a) 十字链表顶点表结点结构

(b) 十字链表边表的弧结点结构

图 7.3　十字链表顶点表、边表的弧结点结构

在弧结点中有五个域：其中尾域 tailvex 和头 headvex 分别指示弧尾和弧头这两个顶点在图中的位置，链域 hlink 指向弧头相同的下一条弧，链域 tlink 指向弧尾相同的下一条弧，info 域指向该弧的相关信息。弧头相同的弧在同一链表上，弧尾相同的弧也在同一链表上。它们的头结点即为顶点结点，它由三个域组成：其中 vertex 域存储和顶点相关的信息，如顶点的名称等；firstin 和 firstout 为两个链域，分别指向以该顶点为弧头或弧尾的第一个弧结点。在十字链表中既容易找到以 v_i 为尾的弧，也容易找到以 v_i 为头的弧，因而容易求得顶点的出度和入度（如果需要，可在建立十字链表的同时求出）。

7.1.3　图的遍历

图的遍历是指从图中的任一顶点出发，对图中的所有顶点访问一次且只访问一次。图的遍历操作和树的遍历操作功能相似。图的遍历是图的一种基本操作，图的许多其他操作都是建立在遍历操作的基础之上。

由于图结构本身的复杂性，所以图的遍历操作也较复杂，主要表现在以下四方面：

① 在图结构中，没有一个"自然"的首结点，图中任意一个顶点都可作为第一个被访问的结点。

② 在非连通图中，从一个顶点出发，只能够访问它所在的连通分量上的所有顶点，因此，还需考虑如何选取下一个出发点以访问图中其余的连通分量。

③ 在图结构中，如果有回路存在，那么一个顶点被访问之后，有可能沿回路又回到该顶点。

④ 在图结构中，一个顶点可以和其他多个顶点相连，当这样的顶点访问过后，存在如何选取下一个要访问的顶点的问题。

图的遍历通常有深度优先搜索法（DFS）和广度优先搜索法（BFS）两种方式。

1．深度优先搜索

深度优先搜索（Depth Fisrst Search）遍历类似于树的先根遍历，是树的先根遍历的推广。

假设初始状态是图中所有顶点未曾被访问，则深度优先搜索可从图中某个顶点 v 出发，访问此顶点，然后依次从 v 的未被访问的邻接点出发深度优先遍历图，直至图中所有和 v 有路径相通的顶点都被访问到；若此时图中尚有顶点未被访问，则另选图中一个未曾被访问的顶点作起始点，重复上述过程，直至从任意一个已访问过的顶点出发，再也找不到未被访问过的顶点为止，遍历便告完成。这种搜索的次序体现了向纵深发展的趋势，所以称为深度优先搜索。

　　以图 7.4 所示的无向图 $G5$ 为例，进行图的深度优先搜索。假设从顶点 v_1 出发进行搜索，在访问了顶点 v_1 之后，选择邻接点 v_2。因为 v_2 未曾访问，则从 v_2 出发进行搜索。依此类推，接着从 v_4、v_8、v_5 出发进行搜索。在访问了 v_5 之后，由于 v_5 的邻接点都已被访问，则搜索回到 v_8。由于同样的理由，搜索继续回到 v_4，v_2 直至 v_1，此时由于 v_1 的另一个邻接点未被访问，则搜索又从 v_1 到 v_3，再继续进行下去，得到的顶点访问序列为：

$$v_1 \rightarrow v_2 \rightarrow v_4 \rightarrow v_8 \rightarrow v_5 \rightarrow v_3 \rightarrow v_6 \rightarrow v_7$$

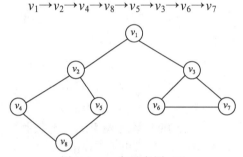

图 7.4　一个无向图 $G5$

　　显然，这是一个递归的过程。为了在遍历过程中便于区分顶点是否已被访问，需附设访问标志数组 visited[0:n-1]，其初值为 False，一旦某个顶点被访问，则其相应的分量设置为 True。

　　从图的某一点 v 出发，递归地进行深度优先遍历的过程如算法 7.1 所示。

　　算法 7.1

```
void DFS(Graph G,int v )
{ /*从第 v 个顶点出发递归地深度优先遍历图 G*/
  visited[v]=TRUE;VisitFunc(v);      /*访问第 v 个顶点*/
  for(w=FisrAdjVex(G,v);w; w=NextAdjVex(G,v,w))
  if(!visited[w]) DFS(G,w);          /*对 v 的尚未访问的邻接顶点 w 递归调用 DFS*/
 }
```

　　算法 7.2 和算法 7.3 给出了对以邻接表为存储结构的整个图 G 进行深度优先遍历实现的 C 语言描述。

　　算法 7.2

```
void DFSTraverseAL(ALGraph *G)
{/*深度优先遍历以邻接表存储的图 G*/
 int i;
 for(i=0;i<G->n;i++)
    visited[i]=FALSE;               /*标志向量初始化*/
 for(i=0;i<G->n;i++)
    if(!visited[i]) DFSAL(G,i);     /*vi 未访问过，从 vi 开始 DFS 搜索*/
```

```
}/*DFSTraveseAL*/
```

算法 7.3

```
void DFSAL(ALGraph *G,int i)
{/*以 vi 为出发点对邻接表存储的图 G 进行 DFS 搜索*/
EdgeNode *p;
printf("visit vertex:V%c\n",G->adjlist[i].vertex);/*访问顶点 vi*/
    visited[i]=TRUE;              /*标记 vi 已访问*/
p=G->adjlist[i].firstedge;        /*取 vi 边表的头指针*/
while(p)                          /*依次搜索 vi 的邻接点 vj, j=p->adjva*/
{if(!visited[p->adjvex])  /*若 vj 尚未访问，则以 vj 为出发点向纵深搜索*/
    DFSAL(G,p->adjvex);
    p=p->next;                    /*找 vi 的下一个邻接点*/
}
}/*DFSAL*/
```

分析上述算法，在遍历时，对图中每个顶点至多调用一次 DFS 函数，因为一旦某个顶点被标志成已被访问，就不再从它出发进行搜索。因此，遍历图的过程实质上是对每个顶点查找其邻接点的过程。其耗费的时间则取决于所采用的存储结构。当用二维数组表示邻接矩阵图的存储结构时，查找每个顶点的邻接点所需时间为 $O(n^2)$ ，n 为图中顶点数。而当以邻接表作图的存储结构时，找邻接点所需时间为 $O(e)$，e 为无向图中边的数或有向图中弧的数。由此，当以邻接表作存储结构时，深度优先搜索遍历图的时间复杂度为 $O(n+e)$ 。

2．广度优先搜索

广度优先搜索（Breadth First Search）遍历类似于树的按层次遍历的过程。

假设从图中某顶点 v 出发，在访问了 v 之后依次访问 v 的各个未曾访问过的邻接点，然后分别从这些邻接点出发依次访问它们的邻接点，并使"先被访问的顶点的邻接点"先于"后被访问的顶点的邻接点"被访问，直至图中所有已被访问的顶点的邻接点都被访问到。若此时图中尚有顶点未被访问，则另选图中一个未曾被访问的顶点作起始点，重复上述过程，直至图中所有顶点都被访问到为止遍历就告完成。这种搜索过程称为广度优先搜索。换句话说，广度优先搜索遍历图的过程中以 v 为起始点，由近至远，依次访问和 v 有路径相通且路径长度为 1、2、……的顶点。

例如，对图 7.4 所示无向图 G5 进行广度优先搜索遍历，首先访问 v_1 和 v_1 的邻接点 v_2 和 v_3，然后依次访问 v_2 的邻接点 v_4 和 v_5 及 v_3 的邻接点 v_6 和 v_7，最后访问 v_4 的邻接点 v_8。由于这些顶点的邻接点均已被访问，并且图中所有顶点都被访问，由此完成了图的遍历。得到的顶点访问序列为：

$$v_1 \rightarrow v_2 \rightarrow v_3 \rightarrow v_4 \rightarrow v_5 \rightarrow v_6 \rightarrow v_7 \rightarrow v_8$$

和深度优先搜索类似，在遍历的过程中也需要一个访问标志数组。并且，为了顺次访问路径长度为 2、3、……的顶点，需附设队列以存储已被访问的路径长度为 1、2、……的顶点。

从图的某一点 v 出发，递归地进行广度优先遍历的过程如算法 7.4 所示。

算法 7.4

```
void  BFSTraverse(Graph G, Status(*Visit)(int v))
{/*按广度优先非递归遍历图 G。使用辅助队列 Q 和访问标志数组 visited*/
```

```
for(v=0;v<G,vexnum;++v)
visited[v]=FALSE
InitQueue(Q);                        /*置空的国债队列 Q*/
  if(!visited[v])                    /*v 尚未访问*/
  {EnQucue(Q,v);                     /*v 入队列*/
   while(!QueueEmpty(Q))
   { DeQueue(Q,u);                   /*队头元素出队并置为 u*/
     visited[u]=TRUE; visit(u);      /*访问 u*/
     for(w=FistAdjVex(G,u);w;w=NextAdjVex(G,u,w))
       if(!visited[w]) EnQueue(Q,w);    /*u 的尚未访问的邻接顶点 w 入队列 Q*/
   }
  }
}/*BFSTraverse*/
```

算法 7.5 和算法 7.6 给出了对以邻接矩阵为存储结构的整个图 G 进行广度优先遍历实现的 C 语言描述。

算法 7.5

```
void BFSTraverseAL(MGraph *G)
{/*广度优先遍历以邻接矩阵存储的图 G*/
 int i;
 for(i=0;i<G->n;i++)
   visited[i]=FALSE;              /*标志向量初始化*/
 for(i=0;i<G->n;i++)
   if(!visited[i]) BFSM(G,i);     /*vi 未访问过，从 vi 开始 BFS 搜索*/
}/*BFSTraverseAL*/
```

算法 7.6

```
void BFSM(MGraph *G,int k)
{/*以 vi 为出发点，对邻接矩阵存储的图 G 进行 BFS 搜索*/
 int i,j;
 CirQueue Q;
 InitQueue(&Q);
 printf("visit vertex:V%c\n",G->vexs[k]);      /*访问原点 vk*/
 visited[k]=TRUE;
 EnQueue(&Q,k);                                /*原点 vk 入队列*/
 while(!QueueEmpty(&Q))
 {i=DeQueue(&Q);                               /*vi 出队列*/
   for(j=0;j<G->n;j++)                         /*依次搜索 vi 的邻接点 vj*/
   if(G->edges[i][j]==1&&!visited[j])          /*若 vj 未访问*/
   {printf("visit vertex:V%c\n",G->vexs[j]);   /*访问 vj*/
       visited[j]=TRUE;
    EnQueue(&Q,j);                             /*访问过的 vj 入队列*/
   }
 }
}/*BFSM*/
```

分析上述算法，每个顶点至多进一次队列。遍历图的过程实质是通过边或弧找邻接点的过程，因此广度优先搜索遍历图的时间复杂度和深度优先搜索遍历相同，两者不同之处仅仅在于对顶点访问的顺序不同。

7.1.4 图的连通性及最小生成树

1. 无向图的连通分量和生成树

在对无向图遍历时，对于连通图，仅需从图中任一顶点出发，一次遍历能够访问到图中的所有顶点，对非连通图，则需从多个顶点出发进行搜索，而每一次从一个新的起始点出发进行搜索过程中得到的顶点访问序列恰为其各个连通分量中的顶点集。

生成树：连通图 G 有 n 个顶点，取 G 中 n 个顶点和连接 n 个顶点的 $n-1$ 条边，且无回路的子图称为 G 的生成树。满足此定义的生成树可能有多棵，即生成树不唯一。

对于连通图，则有：

（1）深度优先生成树：深度优先生成树是由深度优先搜索遍历所经过的 $n-1$ 条边和 n 个顶点组成的图。

（2）广度优先生成树：广度优先生成树是由广度优先搜索遍历所经过的 $n-1$ 条边和 n 个顶点组成的图。

对于非连通图，每个连通分量中的顶点集和遍历时走过的边一起构成若干棵生成树，这些连通分量的生成树组成非连通图的生成森林。

2. 有向图的强连通分量

对于有向图来说，若从初始点到图中每个顶点都有路径，则能够访问到图中的所有顶点，否则不能访问到所有顶点，为此同样需要再选初始点，继续进行遍历，直到图中的所有顶点都被访问过为止。

每一次调用深度优先搜索（DFS）函数做逆向深度优先遍历所访问到的顶点集是有向图中的一个强连通分量。图 G（$G=(V,\{A\})$）即为一个有向图 $G_r(G_r=(V,\{A_r\})$，对于所有 $<v_i,v_j>\in A$，必有 $<v_i,v_j>\in A_r$）上所得深度优先生成森林中每一棵树的顶点集。

3. 最小生成树

图的生成树不是唯一的，也即一个图可以产生若干棵生成树。对于边带权的图来说同样可以有许多生成树，通常把树中边权之和定义为树的权，则在所有生成树中树权最小的那棵生成树就是最小生成树。

求最小生成树的基本算法有普里姆算法和克鲁斯卡尔算法。

（1）普里姆算法：普里姆算法是一种构造性算法。假设 $G=(V,E)$ 为一个网图，其中 V 为网图中所有顶点的集合，E 为网图中所有带权边的集合。设置两个新的集合 U 和 T，其中集合 U 用于存放 G 的最小生成树中的顶点，集合 T 存放 G 的最小生成树中的边。令集合 U 的初值为 $U=\{u_1\}$（假设构造最小生成树时，从顶点 u_1 出发），集合 T 的初值为 $T=\{\}$。Prim 算法的思想是：从所有 $u\in U$，$v\in V-U$ 的边中，选取具有最小权值的边 (u,v)，将顶点 v 加入集合 U 中，将边 (u,v) 加入集合 T 中，如此不断重复，直到 $U=V$ 时，最小生成树构造完毕，这时集合 T 中包含最小生成树的所有边。

① $V(T)$ 的初始状态为空集。

② 从 $V(G)$ 中任选一个顶点 u 加到 $V(T)$ 中。

③ 有 $V(T)=\{u\}$ 开始，重复下列步骤直至 $V(G)$ 中全部顶点均加到 $V(T)$ 中：

a. 在 v_i 属于 $V(T)$，v_j 属于 $V(G)-V(T)$ 的边中选取权值最小的边 (v_i,v_j)；

b. 把 (v_i,v_j) 加到 $T(G)$ 中；

c．把 v_j 加到 $V(T)$ 中。

普里姆算法的时间复杂度为 $O(n^2)$，它适用于稠密图。

（2）克鲁斯卡尔算法：克鲁斯卡尔算法从另一途径求网的最小生成树。Kruskal 算法是一种按照网中边的权值递增的顺序构造最小生成树的方法。其基本思想是：设无向连通网为 $G = (V,E)$，令 G 的最小生成树为 T，其初态为 $T = (V,\{\})$，即开始时，最小生成树 T 由图 G 中的 n 个顶点构成，顶点之间没有一条边，这样 T 中各顶点各自构成一个连通分量。然后，按照边的权值由小到大的顺序，考察 G 的边集 E 中的各条边。若被考察的边的两个顶点属于 T 的两个不同的连通分量，则将此边作为最小生成树的边加入 T 中，同时把两个连通分量连接为一个连通分量；若被考察边的两个顶点属于同一个连通分量，则舍去此边，以免造成回路，如此下去，当 T 中的连通分量个数为 1 时，此连通分量便为 G 的一棵最小生成树。

7.1.5　有向无环图及其应用

1．有向无环图的定义

一个无环的有向图称为有向无环图（Directed Acycline Graph），简称 DAG 图。DAG 图是一类较有向树更一般的特殊有向图。

有向无环图是描述含有公共子式的表达式的有效工具，表达式如下：

$$((a+b)\times(b\times(c+d)+(c+d)\times e)\times((c+d)\times e)$$

有向无环图是描述一项工程或系统的进行过程的有效工具。除最简单的情况之外，绝大多数的工程（Project）都可分为若干个称为活动（Activity）的子工程，而这些子工程之间，通常受着一定条件的约束，如其中某些子工程的开始必须在另一些子工程完成之后。对整个工程和系统，人们关心的是两方面的问题：一是工程能否顺利进行；二是估算整个工程完成所必需的最短时间，对应于有向图，即为进行拓扑排序和关键路径的操作。

2．拓扑排序

设 $G=(V,E)$ 是一个具有 n 个顶点的有向图，V 中顶点序列 $v_1,v_2,\cdots,v_n$ 称为一个拓扑序列，当且仅当该顶点序列满足下列条件：若 $<v_i,v_j>$ 是图中的边（即从顶点 v_i 到 v_j 有一条路径），则在序列中顶点 v_i 必须排在顶点 v_j 之前。

在一个有向图中找一个拓扑排序的过程称为拓扑排序。

拓扑排序的方法：

① 从有向图中选择一个没有前驱的顶点（该顶点的入度为 0）并且输出它。

② 从网中删去该顶点，并且删去从该顶点发出的全部有向边。

③ 重复上述两步，直到剩余的网中不再存在没有前驱的顶点为止。

3．关键路径

若在带权的有向图中，以顶点表示事件，有向边表示活动，边上的权值表示完成该活动的开销（如该活动所需的时间），则称此带权的有向图为用边表示活动的网络，简称 AOE 网（Activity on Edge）。

在一个表示工程的 AOE 网中，应该不存在回路，网中仅存在一个入度为零的顶点（事件），称为开始顶点（源点），它表示整个工程的开始；网中也仅存在一个出度为零的顶点（事件），称为结束顶点（汇点），它表示整个工程的结束。

在 AOE 网中，从源点到汇点的所有路径中，具有最大路径长度的路径称为关键路径。完成整个工程的最短时间就是网中关键路径的长度，也就是网中关键路径上各活动持续时间的总和。把关键路径上的活动称为关键活动。

下面给出在寻找关键活动时所用到的几个参量的定义。

（1）事件的最早发生时间 $ve[k]$。$ve[k]$ 是指从源点到汇点的最大路径长度代表的时间。这个时间决定了所有从顶点发出的有向边所代表的活动能够开工的最早时间。根据 AOE 网的性质，只有进入 v_k 的所有活动 $<v_j, v_k>$ 都结束时，v_k 代表的事件才能发生；而活动 $<v_j, v_k>$ 的最早结束时间为 $ve[j]+dut(<v_j, v_k>)$。所以计算 v_k 发生的最早时间的方法如式（7.1）所示。

$$\begin{cases} ve[l]=0 \\ ve[k]=\text{Max}\{ve[j]+dut(<v_j, v_k>)\} \qquad <v_j, v_k> \in p[k] \end{cases} \qquad (7.1)$$

其中，$p[k]$ 表示所有到达 v_k 的有向边的集合；$dut(<v_j, v_k>)$ 为有向边 $<v_j, v_k>$ 上的权值。

（2）事件的最迟发生时间 $vl[k]$。$vl[k]$ 是指在不推迟整个工期的前提下，事件 v_k 允许的最晚发生时间。设有向边 $<v_k, v_j>$ 代表从 v_k 出发的活动，为了不拖延整个工期，v_k 发生的最迟时间必须保证不推迟从事件 v_k 出发的所有活动 $<v_k, v_j>$ 的终点 v_j 的最迟时间 $vl[j]$。$vl[k]$ 的计算方法如式（7.2）所示。

$$\begin{cases} vl[n]=ve[n] \\ vl[k]=\text{Min}\{vl[j]-dut(<v_k-v_j>)\} \qquad <v_k, v_j> \in s[k] \end{cases} \qquad (7.2)$$

其中，$s[k]$ 为所有从 v_k 发出的有向边的集合。

（3）活动 a_i 的最早开始时间 $e[i]$。若活动 a_i 是由弧 $<v_k, v_j>$ 表示，根据 AOE 网的性质，只有事件 v_k 发生了，活动 a_i 才能开始。也就是说，活动 a_i 的最早开始时间应等于事件 v_k 的最早发生时间。因此，如式（7.3）所示。

$$e[i]=ve[k] \qquad (7.3)$$

（4）活动 a_i 的最晚开始时间 $l[i]$。活动 a_i 的最晚开始时间指在不推迟整个工程完成日期的前提下，必须开始的最晚时间。若由弧 $<v_k, v_j>$ 表示，则 a_i 的最晚开始时间要保证事件 v_j 的最迟发生时间不拖后。因此，如式（7.4）所示。

$$l[i]=vl[j]-dut(<v_k, v_j>) \qquad (7.4)$$

根据每个活动的最早开始时间 $e[i]$ 和最晚开始时间 $l[i]$ 就可判定该活动是否为关键活动，也就是那些 $l[i]=e[i]$ 的活动就是关键活动，而那些 $l[i]>e[i]$ 的活动则不是关键活动，$l[i]-e[i]$ 的值为活动的时间余量。关键活动确定之后，关键活动所在的路径就是关键路径。

当一个活动的时间余量为零时，说明该活动必须如期完成，否则就会拖延完成整个工程的进度，所以称 $(i)-e(i)=0$，即 $l(i)=e(i)$ 的活动 a_i 是关键活动。

求关键路径的算法如下：

（1）求 AOE 网中所有事件的最早发生时间 $ve[k]$。

（2）求 AOE 网中所有事件的最迟发生时间 vl[k] 。

（3）求 AOE 网中所有活动的最早开始时间 e[i] 。

（4）求 AOE 网中所有活动的最迟开始时间 l[i] 。

（5）求 AOE 网中所有活动的时间余量。

（6）找出所有时间余量为零的活动构成关键活动。

7.1.6 最短路径

最短路径问题是图的又一个比较典型的应用问题。求图的最短路径有两种情况：一是求图中某一顶点到其余各顶点的最短路径；二是求图中每一对顶点之间的最短路径。

1. 从某个顶点到其余各顶点的最短路径

先来讨论单源点的最短路径问题：给定带权有向图 $G = (V,E)$ 和源点 $v \in V$，求从 v 到 G 中其余各顶点的最短路径。在下面的讨论中假设源点为 v_0。

下面介绍解决这一问题的算法。即由迪杰斯特拉（Dijkstra）提出的一个按路径长度递增的次序产生最短路径的算法。该算法的基本思想是：设置两个顶点的集合 S 和 $T = V - S$，集合 S 中存放已找到最短路径的顶点，集合 T 存放当前还未找到最短路径的顶点。初始状态时，集合 S 中只包含源点 v_0，然后不断从集合 T 中选取到顶点 v_0 路径长度最短的顶点 u 加入集合 S 中，集合 S 每加入一个新的顶点 u，都要修改顶点 v_0 到集合 T 中剩余顶点的最短路径长度值，集合 T 中各顶点新的最短路径长度值为原来的最短路径长度值与顶点 u 的最短路径长度值加上 u 到该顶点的路径长度值中的较小值。此过程不断重复，直到集合 T 的顶点全部加入 S 中为止。

2. 每对顶点之间的最短路径

通常采用弗洛伊德算法求每对顶点之间的最短路径。此内容不再详解。

7.2 常见题型及典型题精解

例 7.1 判断：求最小生成树时 Prim 算法在边较少、结点较多时效率较高的正确性。

【例题解答】 Prim 算法的时间复杂度为 $O(n^2)$，说明其在结点较少时效率较高。

【答案】 错误

例 7.2 判断：缩短关键路径上活动的工期一定能够缩短整个工程的工期。

【例题解答】 在用 AOE 网表示的工程工期图中，其从源点到汇点的最长路径可能不只一条，因此就可能有不只一条的关键路径。

【答案】 错误

例 7.3 判断：在一个有向图的邻接表中，若某结点的链表为空，则该顶点的度一定为零。

【例题解答】 在图的邻接表存储中，结点的链表中记录的是所有直接邻接于此结点的顶点信息。有向图的邻接表存储的记录就是所有从这个结点发出的边所依附的另外一个顶点的信息，如果结点的链表为空，说明该顶点的出度为零，但顶点的度是此顶点的入度和出度之和，如此顶点的入度不为零，那么，此顶点的度就不为零。

【答案】错误

例 7.4 判断：用邻接矩阵法存储一个图时，在不考虑压缩存储的情况下，所占用的存储空间大小只与图中结点个数有关，而与图的边数无关。

【例题解答】用邻接矩阵存储一个图时，假设图的顶点个数为 n，那么，为邻接矩阵所付出的存储空间就是 n^2 个单位（具体大小跟单个元素所占字节数），而与边数无关。

【答案】正确

例 7.5 在 N 条边的无向图的邻接表的存储中，边表的个数有（　　　）

    A. N B. $2N$ C. $N/2$ D. $N×N$

【例题解答】采用邻接表存放无向图时，每条边在边表中重复存放一次。

【答案】B

例 7.6 有拓扑排序的图一定是（　　　）

    A. 有环图   B. 无向图   C. 强连通图   D. 有向无环图

【例题解答】只有有向无环图才有拓扑排序。

【答案】D

例 7.7 关键路径是事件结点网络中（　　　）

    A. 从源点到汇点的最长路径   B. 从源点到汇点的最短路径

    C. 最长的回路   D. 最短的回路

【例题解答】关键路径是事件结点网络中从源点到汇点的最长路径。

【答案】A

例 7.8 设有 6 个顶点的无向图，该图至少应有（　　　）条边才能确保是一个连通图。

    A. 5   B. 6   C. 7   D. 8

【例题解答】无向连通图的极小连通子图是最小生成树，设顶点数为 n，最小生成树的边数为 $n-1$.

【答案】A

例 7.9 在含 n 个顶点和 e 条边的无向图的邻接矩阵中，零元素的个数为（　　　）

    A. e B. $2e$ C. n^2-e D. n^2-2e

【例题解答】含有 n 个顶点的无向图的邻接矩阵有 n^2 个元素，无向图的邻接矩阵是对称矩阵，每条边的信息用两个元素存储，共占用 $2e$ 个元素，其余元素存放 0，所以零元素的个数为 n^2-2e。

【答案】D

例 7.10 给出图 7.5 所示的无向图 G 的邻接矩阵和邻接表两种存储结构。

【例题解答】设 G 对应的邻接矩阵和邻接表两种存储结构分别如图 7.6 和图 7.7 所示。

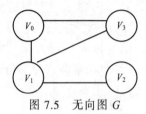

图 7.5 无向图 G

$$A = \begin{pmatrix} 0 & 1 & 0 & 1 \\ 1 & 0 & 1 & 1 \\ 0 & 1 & 0 & 0 \\ 1 & 1 & 0 & 0 \end{pmatrix}$$

图 7.6 G 的邻接矩阵

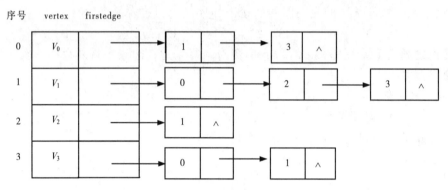

图 7.7 图 7.5 的邻接表

例 7.11 用广度优先搜索和深度优先搜索对图 7.8 所示的图进行遍历（从顶点 1 出发），给出遍历序列。

【例题解答】 搜索图 7.8 的广度优先搜索序列为 1,2,3,4,7,5,6,8；深度优先搜索的序列 1,2,4,7,5,8,6,3。

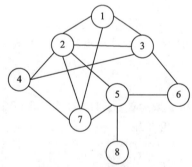

图 7.8 一个无向图 G

例 7.12 对如图 7.9 所示的带权图：

（1）按照普利姆算法，从顶点 v_0 出发生成最小生成树，按生成次序写出各条边。

（2）按照克鲁斯卡尔算法，生成最小生成树，按生成次序写出各条边。（读者自行写出）

（3）画出其最小生成树，并求出其权值。

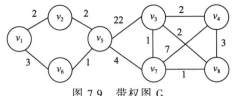

图 7.9　带权图 G

【例题解答】

（1）按照普利姆算法，从顶点 v_1 出发生成最小生成树，按生成次序写出各条边如下：

第 1 条边（v_1,v_2）；

第 2 条边（v_2,v_5）；

第 3 条边（v_6,v_5）；

第 4 条边（v_5,v_7）；

第 5 条边（v_3,v_7）；

第 6 条边（v_7,v_8）；

第 7 条边（v_3,v_4）。

（2）按照克鲁斯卡尔算法，生成最小生成树，按生成次序写出各条边如下：

第 1 条边（v_5,v_6）；

第 2 条边（v_3,v_7）；

第 3 条边（v_7,v_8）；

第 4 条边（v_1,v_2）；

第 5 条边（v_2,v_5）；

第 6 条边（v_3,v_4）；

第 7 条边（v_5,v_7）。

（3）图 G 的最小生成树（见图 7.10）及其权值为：权值=1+1+1+2+2+2+4=13。

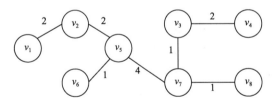

图 7.10　图 G 的最小生成树

例 7.13　表 7.1 给出了某工程各工序之间的优先关系和各工序所需的时间（其中"–"表示无先驱工序），请完成以下各题：

（1）画出相应的 AOE 网。

（2）列出各事件的最早发生时间和最迟发生时间。

（3）求出关键路径并指明完成该工程所需的最短时间。

表 7.1　工序关系图

工序关系	A	B	C	D	E	F	G	H
所需时间	3	2	2	3	4	3	2	1
先驱工序	-	-	A	A	B	B	C,E	D

【例题解答】

（1）相应的 AOE 网如图 7.11 所示。

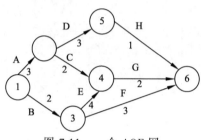

图 7.11　一个 AOE 网

（2）求所有事件的最早发生时间如下：

ve(1)=0；　　　　　　　　　ve(2)=3；

ve(3)=2；　　　　　　　　　ve(4)= max{ve(2)+2，ve(3)+4}=6；

ve(5)=ve(2)+3=6；　　　　　ve(6)=max{ve(5)+1,ve(4)+2,v3(3)+3}=8。

求所有事件的最迟发生时间如下：

vl(6)=8；　　　　　　　　　vl(5)=vl(6)-1=7

vl(4)=vl(6)-2=6；　　　　　vl(3)=min{vl(4)-4,vl(6)-3}=2

vl(2)=min{vl(5)-3,vl(4)-2}=4；

vl(1)=min{vl(2)-3,vl(3)-2}=0。

求所有活动的 e()，l()和 d()如下：

活动 A：e(A)=ve(1)=0　　　l(A)=vl(2)-3=1　　　d(A)=1

活动 B：e(B)=ve(1)=0　　　l(B)=vl(3)-2=0　　　d(B)=0

活动 C：e(C)=ve(2)=3　　　l(C)=vl(4)-2=4　　　d(C)=1

活动 D：e(D)=ve(2)=3　　　l(D)=vl(5)-3=4　　　d(D)=1

活动 E：e(E)=ve(3)=2　　　l(E)=vl(4)-4=2　　　d(E)=0

活动 F：e(F)=ve(3)=2　　　l(F)=vl(6)-3=5　　　d(F)=3

活动 G：e(G)=ve(4)=6　　　l(G)=vl(6)-2=6　　　d(G)=0

活动 H：e(H)=ve(5)=6　　　l(H)=vl(6)-1=7　　　d(H)=1

关键路径为 B，E，G。

（3）完成该工程最少需要 8 天。

例 7.14　设计一个算法，判断无向图 G 是否连通。若连通则返回 1，否则返回 0。

【例题解答】采用遍历方式判断无向图 G 是否连通。这里用 DFS，先给 visited[]
数组设置初值 0，然后从 0 顶点开始遍历该图，之后，若所有顶点 i 的 visited[i]均为 1，则该图是连通的；否则不连通。算法如下：

```
int connect(ALGraph *g)
{ int i,flag=1;
  int visited[MAXV];
  for(i=0;i<g->n;i++)
     visited[i]=0;
  dfs(g,visited,0);
  for(i=0;i<g->n;i++)
    if(visited[i]==0)
    { flag=0;
      break;
    }
return flag;
}
void dfs(ALGraph *g,int visited[],int v)        //从 v 出发深度优先遍历图 g
{ ArcNode *p;
  visited[v]=1;
  printf("%d\n",v);
  p=g->adjlist[v]->firstarc;
  while(p!=NULL)
  { if(visited[p->adjvex]==0)
    dfs(adj,visited,p->adjvex);
    p=p->nextarc;
  }
}
```

例 7.15 编写一个函数，根据用户输入的偶数对（以输入 0 表示结束）建立其有向图的邻接表。

【例题解答】 本题的算法思想是：先产生邻接表的 n 个头结点（其结点数值域从 1 到 n），然后接受用户输入的 $<v_i, v_j>$(以其中之一为 0 标志结束)，对于每条这样的边，申请一个邻接结点，并插入 v_i 的单链表中，如此反复，直到将图中所有边处理完毕，则建立了该有向图的邻接表。

因此，实现本题功能的函数如下：

```
void creatadjlist(AdjList g)
{ int i,j,k;
  struct Vnode *s;
  for(k=1;k<=n;k++)                          //给头结点赋初值
  { g[k].data=k;
    g[k].firstarc=NULL;
  }
  printf("输入一个偶对: ");
  scanf("%d,%d",&i,&j);
  while(i!=0&&j!=0)
  { s=(struct Vnode *)malloc(sizeof(Vnode));   //产生一个单链表结点 s
    s->adjvex=j;                             //将 s 插到 i 为表头的单链表的最前面
    s->nextarc=g[i].firstarc;                //将 s 插入
    g[i].firstarc=s;
    printf("输入一个偶对: ");
    scanf("%d,%d",&i,&j);
  }
}
```

7.3 学习效果测试

1. 单项选择题

（1）在一个具有 n 个结点的有向图中，若所有顶点的出度数之和为 s，则所有顶点的入度数之和为（　　）。

  A. s　　　　B. $s-1$　　　　C. $s+1$　　　　D. n

（2）在一个具有 n 个顶点的有向图中，若所有顶点的出度数之和为 s，则所有顶点的度数之和为（　　）。

  A. s　　　　B. $s-1$　　　　C. $s+1$　　　　D. n

（3）在一个具有 n 个顶点的完全有向图中，所含的边数为（　　）。

  A. n　　　　B. $n(n-1)$　　　　C. $n(n-1)/2$　　　　D. $n(n+1)/2$

（4）对于一个具有 n 个顶点的无向连通图，它包含的连通分量的个数为（　　）。

  A. 0　　　　B. 1　　　　C. n　　　　D. $n+1$

（5）具有 6 个顶点的无向图至少应有（　　）条边才能确保是一个连通图。

  A. 5　　　　B. 6　　　　C. 7　　　　D. 8

（6）在一个具有 n 个顶点的无向图中，要连通全部顶点至少需要（　　）条边。

  A. n　　　　B. $n+1$　　　　C. $n-1$　　　　D. $n/2$

（7）在一个具有 n 个顶点和 e 条边的无向图的邻接矩阵中，表示边存在的元素（又称有效元素）的个数为（　　）。

  A. n　　　　B. ne　　　　C. e　　　　D. $2e$

（8）在一个具有 n 个顶点和 e 条边的无向图的邻接表中，边结点的个数为（　　）。

  A. n　　　　B. ne　　　　C. e　　　　D. $2e$

（9）在一个具有 n 个顶点和 e 条边的有向图的邻接表中，保存顶点单链表的表头指针向量的大小至少为（　　）。

  A. n　　　　B. $2n$　　　　C. e　　　　D. $2e$

（10）对于一个具有 n 个顶点和 e 条边的无向图，若采用邻接表表示，则表头向量的大小为（①）；所有邻接表中的结点总数是（②）。

  ① A. n　　　　B. $n+1$　　　　C. $n-1$　　　　D. $n+e$

  ② A. $e/2$　　　　B. e　　　　C. $2e$　　　　D. $n+e$

（11）对于一个有向图，若一个顶点的度为 k_1，出度为 k_2，则对应逆邻接表中该顶点单链表中的边结点数为（　　）。

  A. k_1　　　　B. k_2　　　　C. k_1-k_2　　　　D. k_1+k_2

（12）采用邻接表存储的图的深度优先遍历算法类似于二叉树的（　　）。

  A. 中序遍历　　B. 先序遍历　　C. 后序遍历　　D. 按层遍历

（13）采用邻接表存储的图的广度优先遍历算法类似于二叉树的（　　）。

  A. 按层遍历　　B. 中序遍历　　C. 先序遍历　　D. 后序遍历

（14）已知一个无向图如图 7.12 所示，若从顶点 a 出发按深度搜索法进行遍历，则可能得到的一种顶点序列为（　　）；按广度搜索法进行遍历，则可能得到的一种顶点序列为（   ）。

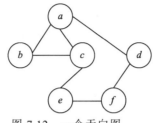

图 7.12　一个无向图

 A. *a b e c d f*   B. *a b c e f d* C. *a e b c f d* D. *a e d f c b*

（15）已知一个有向图的邻接表存储结构如图 7.13 所示。

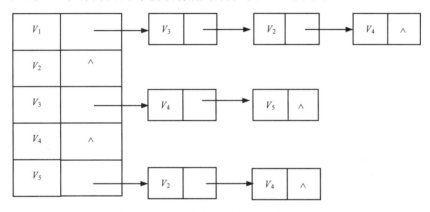

图 7.13　一个有向图的邻接表存储结构

① 根据有向图的深度优先遍历算法，从顶点 v_1 出发，所得到的顶点序列是（   ）。

 A. v_1,v_2,v_3,v_5,v_4 B. v_1,v_2,v_3,v_4,v_5

 C. v_1,v_3,v_4,v_5,v_2 D. v_1,v_4,v_3,v_5,v_2

② 根据有向图的广度优先遍历算法，从顶点 v_1 出发，所得到的顶点序列是（   ）。

 A. v_1,v_2,v_3,v_4,v_5 B. v_1,v_3,v_2,v_4,v_5

 C. v_1,v_2,v_3,v_5,v_4 D. v_1,v_4,v_3,v_5,v_2

（16）若一个图的边集为{(A,B),(A,C),(B,D),(C,F),(D,E),(D,F)}，则从顶点 A 开始对该图进行深度优先搜索，得到的顶点序列可能为（   ）。

 A. *A,B,C,F,D,E*   B. *A,C,F,D,E,B*

 C. *A,B,D,C,F,E*   D. *A,B,D,F,E,C*

（17）若一个图的边集为{<1.2>,<1,4>,2,5>,<3,1>,<3,5><4,3>}，则从顶点 1 开始对该图进行广度优先搜索，得到的顶点序列可能为（   ）。

 A. 1,2,3,4,5   B. 1,2,4,3,5   C. 1,2,4,5,3   D. 1,4,2,5,3

（18）已知如图 7.14 所示的有向图，由该图得到的一种拓扑序列为（   ）。

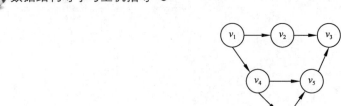

图 7.14　一个有向图

    A. v_1,v_4,v_6,v_2,v_5,v_3 B. v_1,v_2,v_3,v_4,v_5,v_6

    C. v_1,v_4,v_2,v_3,v_6,v_5 D. v_1,v_2,v_4,v_6,v_3,v_5

（19）在含 n 个顶点和 e 条边的无向图的邻接矩阵中，零元素的个数为（　　　　）。

    A. e B. $2e$ C. n^2-e D. n^2-2e

（20）关键路径是事件结点网络中的（　　　　）。

    A. 从源点到汇点的最长路径   B. 从源点到汇点的最短路径

    C. 最长的回路   D. 最短的回路

2．填空题

（1）在一个图中，所有顶点的度数之和等于所有边数的_____倍。

（2）n 个顶点的连通图至少_____条边。

（3）在无向图 G 的邻接矩阵 A 中，若 $A[i][j]$ 等于 1，则 $A[j][i]$ 等于_____。

（4）在一个连通图中存在着_____个连通分量。

（5）图中的一条路径长度为 k，该路径所含顶点数为_____。

（6）一个图的边集为 $\{<0,1>3,<0,2>5,<0,3>5,<0,4>10,<1,2>4,<2,4>2,<3,4>6\}$，则从顶点 v_0 到顶点 v_4 共有_____条简单路径。

（7）一个图的边集为 $\{<0,1>3,<0,2>5,<0,3>5,<0,4>10,<1,2>4,<2,4>2,<3,4>6\}$，则从顶点 v_0 到顶点 v_4 的最短路径长度为_____。

（8）对于一个具有 n 个顶点的图，若采用邻接矩阵表示，则矩阵大小至少为_____×_____。

（9）一个图的生成树的顶点是图的_____顶点。

（10）一个无向图有 n 个顶点和 e 条边，则所有顶点的度的和为_____。

（11）已知一个图的邻接矩阵表示，计算第 i 个结点的入度的方法是_____。

（12）当无向图 G 的顶点度数的最小值大于或等于_____时，G 至少有一条回路。

（13）已知一个图的邻接矩阵表示，删除所有从第 i 个结点出发的边的方法是_____。

（14）已知一个连通图的边集为 $\{(1,2)3,(1,3)6,(1,4)8,(2,3)4,(2,5)10,(3,5)12,(4,5)2\}$，该图的最小生成树的权为_____。

（15）邻接表和十字链表适合于存储_____图，邻接多重表适合于存储_____图。

（16）一个具有 6 个结点的有向完全图的弧数为_____。

（17）假定一个有向图的边集为 $\{<a,c>,<a,e>,<c,f>,<d,c>,<e,b>,<e,d>\}$，对该图进行拓扑排序得到的顶点序列为_____。

3．简答题

（1）用邻接矩阵表示图时，矩阵元素的个数与顶点个数是否相关？与边的条数是否有关？

（2）解答下面的问题：

① 如果每个指针需要 4 字节，每个顶点的标号占 2 字节，每条边的权值占 2 字节，图 7.15 采用哪种表示法所需的空间较多？为什么？

② 写出图 7.15 中从顶点 1 开始的 DFS 树。

（3）证明具有 n 个顶点的无向完全图的边数为 $n(n-1)/2$。

（4）对图 7.16 所示的有向图，试给出：

① 每个顶点的入度和出度；

② 邻接矩阵、邻接表、逆邻接表和十字链表。

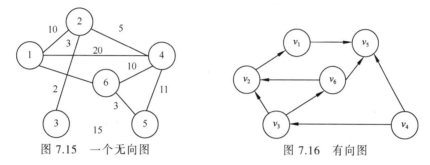

图 7.15　一个无向图　　　　　　　　图 7.16　有向图

（5）什么样的图其最小生成树是唯一的？用 Prim 和 Kruskal 求最小生成树的时间各为多少？它们分别适合于哪类图？

（6）如何判定关键路径和关键活动？

4．算法设计题

（1）一个连通图采用邻接表作为存储结构，设计一个算法实现从顶点 v 出发的深度优先搜索遍历的非递归过程。

（2）设计一个函数利用遍历图的方法输出一个无向图 G 中从顶点 v_i 到 v_j 的长度为 1 的简单路径，假设无向图采用邻接表存储结构。

（3）设计一个算法，判断无向图 G 是否为一棵树。若是树，返回 1；否则返回 0。

（4）以邻接表为存储结构，写一个基于 DFS 遍历策略的算法，求图中通过某顶点 v_1 的简单回路（若存在）。

（5）设计一个算法，判断一个邻接矩阵存储的有向图是不是可传递的，是则返回 1，否则返回 0。

（6）设计一个算法，判断顶点是否在当前路径上。

（7）设计图 G 采用邻接表存储，设计算法求距离顶点 v_0 的最短路径长度为 k 的所有顶点，要求尽可能节省时间。

7.4 上机实验题及参考代码

实验题 7.1 用邻接表存储法建立一个无向图算法。

设计一个程序：用图的邻接表存储法建立一个无向图。

对应的程序代码如下：

```
#define M 30
#define NULL 0
#include <stdio.h>
#include <stdlib.h>
typedef struct anode
{  int adjvex;
   struct anode *nextarc;
}ANODE;
typedef struct vnode
{  int data;
   ANODE *first;
}VNODE;
 main()
 {
   VNODE adjlist[M];
   int n;
   void create_adjlist(VNODE adjlist[],int n);
   printf("please input n:");
   scanf("%d",&n);
   create_adjlist(adjlist,n);
 }
 void create_adjlist(VNODE adjlist[],int n)
 {
  ANODE *p;
  int i,j;
  for(i=1;i<=n;i++)
  { adjlist[i].data=i;
    adjlist[i].first=NULL;
  }
  printf("vi,vj=");
  scanf("%d,%d",&i,&j);
  while(i>0&&j>0)
  { p=(ANODE*)malloc(sizeof(ANODE));
    p->adjvex=j; p->nextarc=adjlist[i].first; adjlist[i].first=p;
    p=(ANODE*)malloc(sizeof(ANODE));
    p->adjvex=i; p->nextarc=adjlist[j].first; adjlist[j].first=p;
    scanf("%d,%d",&i,&j);
  }
  for(i=1;i<=n;i++)
  { p=adjlist[i].first;
    printf("%d",adjlist[i].data);
    while(p!=NULL)
    {  printf("%d",p->adjvex);
      p=p->nextarc;
    }
    printf("\n");
```

```
        }
    }
```

实验题 7.2 用邻接矩阵存储法建立一个无向图算法。

对应的程序代码如下：

```
#define n 4
#define e 6
#include <stdio.h>
#include <stdlib.h>
typedef struct
{ char vexs[n];
  int arcs[n+1][n+1];
}graph;
#include <string.h>
void creatgraph(graph *ga)
{
    int i,j,k;
    printf("请输入顶点信息: \n");
    for(i=0;i<n;i++)
    {
        ga->vexs[i]=getchar();          /*读入顶点信息，建立顶点表*/
    }
    for(i=1;i<=n;i++)
        for(j=1;j<=n;j++)
            ga->arcs[i][j]=0;           /*邻接矩阵初始化*/
            for(k=0;k<e;k++)
            {
                printf("请读入图的边: \n");
                scanf("%d%d",&i,&j);
                ga->arcs[i][j]=1;
                ga->arcs[j][i]=1;
            }
}
main()
{
    graph *ga;
    int i,j;
    ga=(graph*)malloc(sizeof(graph));
    creatgraph(ga);
    printf("输出图的顶点表:\n");
    for(i=0;i<n;i++)
        printf("%c\n",ga->vexs[i]);
    printf("\n请输出邻接矩阵: \n");
    for(i=1;i<=n;i++)
    {
        for(j=1;j<=n;j++)
            printf("%5d",ga->arcs[i][j]);
        printf("\n");
    }

}
```

实验题 7.3 编写一个算法，实现无向图的深度优先遍历。

对应的程序代码如下：

```
#define M 30
#define NULL 0
#include <stdio.h>
#include <stdlib.h>
typedef struct anode
    { int adjvex;
        struct anode *nextarc;
    }ANODE;
    typedef struct vnode
    { int data;
        ANODE *first;
    }VNODE;
main()
{
  VNODE adjlist[M];
  int n,v;
  void create_adjlist(VNODE adjlist[],int n);
  void dfs(VNODE adjlist[],int v);
  printf("please input n and v:");
  scanf("%d,%d",&n,&v);
  create_adjlist(adjlist,n);
  dfs(adjlist,v);
}
 void create_adjlist(VNODE adjlist[],int n)
 {
   ANODE *p;
   int i,j;
   for(i=1;i<=n;i++)
   { adjlist[i].data=i;
     adjlist[i].first=NULL;
   }
   printf("vi,vj=");
   scanf("%d,%d",&i,&j);
   while(i>0&&j>0)
   { p=(ANODE*)malloc(sizeof(ANODE));
     p->adjvex=j; p->nextarc=adjlist[i].first; adjlist[i].first=p;
     p=(ANODE*)malloc(sizeof(ANODE));
     p->adjvex=i; p->nextarc=adjlist[j].first; adjlist[j].first=p;
     scanf("%d,%d",&i,&j);
   }
   for(i=1;i<=n;i++)
   { p=adjlist[i].first;
     printf("%d",adjlist[i].data);
     while(p!=NULL)
     { printf("%d",p->adjvex);
       p=p->nextarc;
     }
      printf("\n");
   }
  }
  void dfs(VNODE adjlist[],int v)
```

```
{  int visited[M];
   ANODE *p,*stack[M];
   int i,w,top=0;
   for(i=1;i<=M;i++)
   visited[i]=0;
   visited[v]=1;  printf("%d->",v);
   p=adjlist[v].first;
   while((p!=NULL)||(top>0))
   {
   while(p!=NULL)
   { w=p->adjvex;
     if(visited[w]==0)
     { visited[w]=1; printf("%d->",w);
       stack[top++]=p;
       p=adjlist[w].first;
     }
     else
     p=p->nextarc;
   }
 if(top>0)
 {
  p=stack[--top];
  p=p->nextarc;
 }
 }
}
```

第8章

查　　找 ＜＜＜

【重点】
顺序查找法、折半查找法、二叉排序树、平衡二叉树、B.树及其哈希表。

【难点】
平衡二叉树、B.树。

8.1　重点内容概要

8.1.1　基本概念

查找表：查找表是一种以集合为逻辑结构、以查找为核心的数据结构。它是由具有同一类型（属性）的数据元素（或记录）组成的集合。由于"集合"中的元素存在着完全松散的关系。因此查找表是一种非常灵便的数据结构。

对查找表经常进行的操作有：检索、查询、读表元、对表做修改操作（如插入和删除）。

静态查找表：只能进行"查找"操作的查找表；即对查找表的操作不包括对表的修改操作，则此类查找表称为静态查找表。

动态查找表："在查找过程中同时插入查找表中不存在的数据元素，或者从查找表中删除已存在的某个数据元素"操作的查找表。

关键字：是记录中用来区分不同记录的数据项，即用以标识记录的数据项称为关键字。能唯一确定一个数据元素（记录）的关键码，称为主关键码；而不能唯一确定一个数据元素（记录）的关键码，称为次关键码。表中"学号"可看成主关键码，"姓名"则应视为次关键码，因可能有同名同姓的学生。

查找：是计算机程序设计中的一项重要的基本技术。查找是根据给定的某个值，确定关键字值与给定值相等的记录在文件中的位置。查找的结果有两种可能：若在文件中找到了预查找的记录，则称查找成功。此时，可给出该记录在文件中的位置或其他信息；若在文件中没有找到所要查找的记录，则称查找失败。这时，可给出相应的信息，或者把该记录插入文件的适当位置上。

平均查找长度：查找过程中对关键字需要执行的比较次数。

8.1.2 静态查找表

在静态查找表上进行查找的常用方法有顺序查找、折半查找和分块查找。被查找的顺序表类型定义如下：

```
#define MAXL<表中最多纪录的个数>
Typedef struct{
    KeyType key;                    // KeyType 为关键字的数据类型
    anytype data;                   //其他数据
}RECTYPE;
Typedef RECTYPE SeqList[MAXL+1]     //顺序表类型
```

1. 顺序查找

顺序查找又称线性查找，这是一种最简单的"原始"查找方法。顾名思义，这种方法是通过对文件中的记录依次逐个地进行检查，以搜索所要查找的记录。顺序查找的基本思想是：从表的一端开始，向另一端逐个按给定值 kx 与关键码进行比较，若找到，查找成功，并给出数据元素在表中的位置；若整个表检测完，仍未找到与 kx 相同的关键码，则查找失败，给出失败信息。

顺序查找的算法如下：

以顺序存储为例，数据元素从下标为 1 的数组单元开始存放，0 号单元留空。

算法 8.1

```
int s_search(RECTYPE f[],int n,KeyType kx)
{ /*在表 f 中查找关键码为 kx 的数据元素,若找到返回记录号 i+1,否则返回 n+1 */
    int i=0;
    f[n].key=kx; /* 存放监测,这样在从前向后查找失败时,不必判表是否检测完*/
                 /* 从而达到算法统一*/
    while(f[i].key!=kx)
    i++;
    return(++i);
}
```

【性能分析】

从顺序查找过程可见，比较次数取决于所查记录在表中的位置，如查找表中第 1 个记录时，仅需比较一次；而查找表中最后一个记录时，需要比较 n 次。对于 n 个数据元素的表，给定值 kx 与表中第 i 个元素关键码相等，即定位第 i 个记录时，需进行 $n-i+1$ 次关键码比较，即 $C_i=n-i+1$。查找成功时，顺序查找的平均查找长度如式（8.1）所示。

$$ASL = \sum_{i=1}^{n} P_i \cdot (n-i+1) \tag{8.1}$$

设每个数据元素的查找概率相等，即 $P_i=1/n$，则等概率情况下如式（8.2）所示。

$$ASL = \sum_{i=1}^{n} \frac{1}{n}(n-i+1) = \frac{n+1}{2} \tag{8.2}$$

查找不成功时，关键码的比较次数总是 $n+1$ 次。

算法中的基本工作就是关键码的比较，因此，查找长度的量级就是查找算法的时间复杂度，其为 $O(n)$。

许多情况下，查找表中数据元素的查找概率是不相等的。为了提高查找效率，查找表需依据查找概率越高，比较次数越少；查找概率越低，比较次数就较多的原则来存储数据元素。

顺序查找缺点是当 n 很大时，平均查找长度较大，效率低；优点是对表中数据元素的存储没有要求。另外，对于线性链表，只能进行顺序查找。

2. 折半查找

折半查找的前提是表为有序。折半查找是对有序文件的一种较好的查找方法。这种查找方法也是通过关键字值的比较来进行查找的，不过，其查找过程总是从文件正中间的记录开始，跳跃地检查处于正中间的记录，而不是像顺序查找那样，从文件的端头的记录开始，依次逐个地对记录进行探查。折半查找与英汉词典有点类同。

一般地，假定有一个有序文件，其记录是按关键字值的递增次序排列的。那么，给定的关键字值 kx 与文件正中间记录的关键字值 K_m 的比较结果，不外乎以下三种情况：

（1）若 $kx<K_m$，且所要查找的记录在文件中，则它必定在关键字值小于 K_m 的那一半文件中。

（2）若 $kx=K_m$，则处于文件正中间的这个记录就是所要查找的记录。

（3）若 $kx>K_m$，且所要查找的记录在文件中，则它必定在关键字值大于 K_m 的那一半文件中。

因此，在每次比较之后，或是查找成功，或是把待查范围缩小一半。

其步骤及算法如下：

【步骤】

① low=1；high=length。　　　　　　　　　　　// 设置初始区间

② 当 low>high 时，返回查找失败信息。　　　　　// 表空，查找失败

③ low≤high，mid=(low+high)/2。　　　　　　　// 取中点

　a. 若 kx<f[mid].key，high=mid−1；转②。　　// 查找在左半区进行

　b. 若 kx>f[mid].key，low=mid+1；转②。　　// 查找在右半区进行

　c. 若 kx=f[mid].key，返回数据元素在表中的位置。　// 查找成功

算法 8.2

```
int  Binary_Search(RECTYPE f[],int n,KeyType  kx)
{/* 在表 f 中查找关键码为 kx 的数据元素,若找到返回该元素在文件中的位置,否则,返回 0  */
  int  mid,flag=0;
  low=1;high=length;                        /* ①设置初始区间 */
  while(low<=high)                          /* ②表空测试 */
 { /* 非空,进行比较测试 */
   mid=(low+high)/2;                        /* ③得到中点 */
   if(kx<f[mid].key)      high=mid-1;       /* 调整到左半区 */
   else if(kx>f[mid].key)   low=mid+1;      /* 调整到右半区 */
     else  { flag=mid;break;} /* 查找成功,元素位置设置到 flag 中 */
   }
   return flag;
}
```

【性能分析】

从折半查找过程看，以表的中点为比较对象，并以中点将表分割为两个子表，对定位到的子表继续这种操作。所以，对表中每个数据元素的查找过程，可用二叉树来描述，将当前查找区间的中间位置上的记录作为根，左子表和右子表中的记录分别作

为根的左子树和右子树，由此得到的二叉树，称为描述查找过程的判定树或者比较树。

折半查找的平均查找长度如式（8.3）和式（8.4）所示。

$$\text{ASL} = \sum_{i=1}^{n} P_i \times C_i$$

$$= \frac{1}{n} [1 \times 2^0 + 2 \times 2^1 + \cdots + k \times 2^{k-1}] \tag{8.3}$$

$$= \frac{n+1}{n} \log_2(n+1) - 1 \approx \log_2(n+1) - 1 \tag{8.4}$$

所以，折半查找的时间效率为 $O(\log_2 n)$。

3. 索引顺序表的查找（分块查找）

分块查找又称索引顺序查找，是对顺序查找的一种改进。它是一种性能介于顺序查找和折半查找之间的折衷方案。分块查找对文件虽有一定的要求，但比折半查找要求低。它是把文件中所有的记录均匀地分成若干个小的文件块，每块中的记录可以任意排列，但块与块之间必须是有序的。也就是说，如果块是按由小到大的次序排列，则第一块中的所有记录的关键字值必须小于第二块中所有记录的关键字值，第二块小于第三块，依此类推。

分块查找法的查找过程分两步进行：先确定待查找的记录属于哪一块，即查找其所在块；然后，在块内查找欲查找的记录。

为了确定待查记录的所在块，需要设置一个"索引表"，每个文件块在"索引表"中建立一个索引项，每个索引项包含两项内容：该文件块中最大的关键字值和该文件块中第一个记录的地址。当要查找关键字值为 K 的记录时，先用 K 和每块中的最大关键字值进行比较，以确定关键字值为 K 的记录属于哪一块。然后，把查找范围局限在这一小块文件之中，在块内进行查找。显然，第一步：确定待查记录所在块时，既可以用顺序查找法，也可以用折半查找法，因为最大关键字值索引表是有序的；第二步：在块内查找记录时，只能用顺序查找法，因为记录在块内是任意排列的。

分块查找比顺序查找有所改进，但不如折半查找有效，其平均查找长度包括两部分，如式（8.5）所示。

$$\text{ASL}_{bs} = L_b + L_w \tag{8.5}$$

其中，L_b 为查找所在块的平均查找长度，L_w 为块内查找记录时的平均查找长度。

为了进行分块查找，可以将长度为 n 的表均匀地分成 b 块，每块含有 s 个记录，即 $b = n/s$。在等概率情况下，块内每个记录的查找的概率为 $1/s$，每块的查找概率为 $1/b$，若用顺序查找法确定所在块，则块内顺序查找纪录的平均查找长度如式（8.6）所示。

$$\text{ASL}_{bs} = L_b + L_w = \frac{1}{b} \sum_{j=1}^{b} j + \frac{1}{s} \times \frac{b+1}{2} \sum_{i=1}^{n} i = \frac{b+1}{2} + \frac{s+1}{2} = \frac{1}{2}\left(\frac{n}{s} + s\right) + 1 \tag{8.6}$$

可见，分块查找的平均查找长度不仅与文件大小 n 有关，而且和每一块中的记录数 s 有关。对于一个给定的文件，n 是一定的，s 是可以选择的。由式（8.6）可得式（8.7）。

$$\text{ASL}_{bs} = \frac{1}{2}(b + s) + 1 \tag{8.7}$$

由于乘积 $b \times s = n$，在 n 一定时，若 $b=s$，则 $b+s$ 有最小值。可以证明当 s 取 $\sqrt{n}$ 时，ASL_{bs} 取最小值 $\sqrt{n+1}$。

由于索引表是一个有序表，因此可用折半查找确定所在的块。

8.1.3 动态查找表

如果在顺序存储结构上进行插入和删除操作，会引起大量数据移动，很费时间。因此顺序表查找主要用于待查表的长度比较固定的情况。如果把待查序列在逻辑上表示成树状结构，在物理上采用链式存储结构，这样不仅能提高查找效率，而且还能较好地处理插入和删除问题，以适应待查序列长度的变化。

1．二叉排序树及其查找

（1）二叉排序树的定义：二叉排序树（Binary Sort Tree）或者是一棵空树；或者是具有下列性质的二叉树：

① 若左子树不空，则左子树上所有结点的值均小于根结点的值。

② 若右子树不空，则右子树上所有结点的值均大于根结点的值。

③ 左、右子树本身又各是一棵二叉排序树。

从 BST 性质可推出二叉排序树的另一个重要性质：按中序遍历该树所得到的中序序列是一个递增有序序列。

（2）二叉排序树的查找：二叉排序树的查找过程是依据建立二叉排序树的规则，将待查记录的关键字值 K 与根结点的关键字值进行比较，若 K 值等于根结点的关键字值，则查找成功；若 K 值小于根结点的关键字值，则在左子树中继续查找；若 K 值大于根结点的关键字值，则在右子树中继续查找；若沿某条路径一直查找到一个终端结点仍未找到关键字值等于 K 值的记录，则查找失败。

（3）二叉排序树的插入：二叉排序树是一种动态树表。其特点是：树的结构通常不是一次生成的，而是在查找过程中，当树中不存在关键字等于给定值的结点时再进行插入。

二叉排序树的构造过程是：每读入一个元素，建立一个新结点，若二叉排序树非空，则将新结点的值与根结点的值比较，如果小于根结点的值，则插入左子树中，否则插入右子树中；若二叉排序树为空，则新结点作为二叉排序树的根结点。

由于二叉排序树是递归定义的，子树的插入过程与在树中的插入过程相同。

（4）二叉排序树的删除：对于一般的二叉树，删除一个结点是没有意义的。因为删除一个结点后，以此结点为根的子树便成了森林，整个结构便被破坏了。然而，对于二叉排序树，则可以在删除其中某一个结点后仍保持二叉排序树的特性。在二叉排序树中删除一个结点，不能把以该结点为根的子树都删除，只能删除这个结点并仍保持二叉排序树的特性。也就是说，删除二叉排序树上一个结点相当于删除有序序列中的一个元素。

其实现过程为：若删除一个终端结点，因其既无左孩子，又无右孩子，所以十分简单，只要把该结点撤出即可；若删除一个只有左孩子的结点，为了使删除后仍保持结点间的有序特性，则应在其左子树中找出"最大"的结点，即其直接前驱，来取代被删除掉的结点，反之，若删除一个只有右孩子的结点，则应在其右子树中找出"最小"的结点，即其直接后继来取代被删除掉的结点；若删除一个左、右孩子双全的结点，则应从其左、右子树中找一个合适的结点来"继承"其位置。显然，这个有权"继承"的结点，或是左子树中的"最大"者，或是右子树中的"最小"者。

综上所述，二叉排序树是用非线性结构来表示一个线性有序表。若对二叉排序树按中序次序遍历并输出结点的值，便可得到由小到大依次排列的关于结点值的有序序列。

（5）二叉排序树的平均查找长度：在查找树上查找某个结点时，关键字值的比较次数等于该结点所在层的层次数。由此可知，查找树的平均查找长度与树的深度和形态密切相关。可是，同一关键字值集合所生成的二叉查找树并不是唯一的，查找树的深度和形态将随关键字值插入的先后次序不同而不同。一般情况，二叉查找树的形态是较均衡的，其左、右子树比较对称，深度相差不太悬殊，平均查找长度和 $\log_2 n$ 是等数量级的。就平均时间性能而言，二叉排序树上的查找和折半查找差不多。但就维护表的有序性而言，前者更有效，因为无须移动记录，只需修改指针即可完成对二叉排序树的插入和删除操作。因此，二叉查找树查找法不失为一种实用且有效的查找方法。

2．平衡二叉树及其查找

（1）平衡二叉树的定义：平衡因子是结点左子树的深度减去它的右子树的深度。平衡二叉树又称 AVL 树，它或是一棵空树，或者是具有下列性质的二叉排序树：

① 它的左、右子树深度之差的绝对值不超过 1。

② 其左子树和右子树都是平衡二叉树。可见，平衡二叉树上所有结点的平衡因子只可能是–1，0 和 1。

（2）平衡二叉排序树的构造：二叉树失去平衡后，如何进行调整，使之重新恢复平衡呢？一般情况下，平衡二叉树由于插入一个结点而失去平衡时，只需对某一不平衡的子树进行"平衡化"调整即可。设 A 为失去平衡的最小子树的根结点，即离插入点最近且平衡因子的绝对值大于 1 的结点，a 为指向 A 的指针，则对于失去平衡的最小子树进行"平衡化"调整的方法可归纳为下列四种情况：

① LL 型平衡旋转：新结点插在 A 的左孩子的左子树中，使 A 的平衡因子由 1 变为 2，从而使以 A 为根的子树失去平衡。此时，应以 A 的左孩子 B 作为子树新的根结点，使 A 成为 B 的右孩子，其余结点按查找树的特性进行相应的调整。

② RR 型平衡旋转：新结点插在 A 的右孩子的右子树中，使 A 的平衡因子由–1 变为–2，从而使以 A 为根的子树失去平衡。此时，应以 A 的右孩子 B 作为子树新的根结点，使 A 成为 B 的左孩子，其余结点按查找树的特性进行相应的调整。

③ LR 型平衡旋转：新结点插在 A 的左孩子的右子树中，使 A 的平衡因子由 1 变为 2，致使以 A 为根的子树失去平衡。此时，应以 A 的左孩子 B 的右孩子 C 作为子树新的根结点，使 B 成为 C 的左孩子，A 成为 C 的右孩子。其余结点按查找树的特性进行相应的调整。

④ RL 型平衡旋转：新结点插在 A 的右孩子的左子树中，使 A 的平衡因子由–1 变为–2，致使以 A 为根的子树失去平衡。此时，应以 A 的右孩子 B 的左孩子 C 作为

子树新的根结点，使 A 成为 C 的左孩子，B 成为 C 的右孩子。其余结点按查找树的特性进行相应的调整。

（3）在平衡二叉树上插入结点：从平衡树的定义可知，在插入结点之后，若排序树上某个结点的平衡因子的绝对值大于1，则说明出现不平衡，同时，失去平衡的最小子树的根结点必为离插入结点最近、插入之前的平衡因子不等于0的祖先结点。为此，需要做到：

① 在查找*s 结点的插入位置的过程中，记下离*s 结点最近且平衡因子不等于0的结点，令指针*p 指向该结点。

② 修改自*p 至*s 路径上所有结点的平衡因子值。

③ 判别树是否失去平衡，即判别在插入结点之后，*p 结点的平衡因子的绝对值是否大于1。若是，则需判别旋转类型并做相应处理，否则插入过程结束。

（4）平衡二叉树的查找：在平衡二叉树上进行查找的过程和在二叉排序树上进行查找的过程完全相同，因此，在平衡二叉树上进行查找关键码的比较次数不会超过平衡二叉树的深度。可以证明，含有 n 个结点的平衡二叉树的最大深度为 $O(\log_2 n)$，因此，平衡二叉树的平均查找长度亦为 $O(\log_2 n)$。

3. B_树

（1）B_树：B_树是一种平衡的多路查找树，其中所有结点的孩子结点最大值称为 B_树的阶，通常用 m 表示，从查找效率考虑，要求 $m \geqslant 3$。一棵 m 阶的 B_树或者是一棵空树，或者是满足下列要求的 m 叉树：

① 树中每个结点至多有 m 棵子树。

② 除根结点外的所有结点至少有 $\lceil m/2 \rceil$ 棵子树。

③ 若根结点不是结点，则根结点至少有两棵子树。

④ 所有非终端结点的结构为。

n	A_0	K_1	A_1	K_2	A_2	...	K_n	A_n

其中，$K_i(i=1,\cdots,n)$ 为关键字，且 $K_i < K_{i+1}(i=1,\cdots,n-1)$；$A_i(i=0,\cdots,n-1)$ 为指向子树根结点的指针，且指针 A_{i-1} 所指树中所有结点的关键字均小于 $K_i(i=0,\cdots,n)$，A_n 所指树中所有结点的关键字均大于 K_n。

⑤ 所有叶子结点都出现在同一层次上，并且不带信息，即 B_树是所有结点的平衡因子均等于0的多路查找树。

（2）B_树的查找。在 B_树上进行查找包含两种基本操作：

① 在 B_树中找结点。

② 在结点中找关键字。

由于 B_树通常存储在磁盘上，则前一查找操作是在磁盘上进行的，而后一查找操作是在内存中进行的，即在磁盘上找到指针 p 所指结点后，先将结点中的信息读入内存，然后再利用顺序查找或折半查找查询等于 K 的关键字。显然，在磁盘上进行一次查找比在内存中进行一次查找耗费的时间多得多，因此，在磁盘上进行查找的次数，即待查关键字所在结点在 B_树上的层次数，是决定 B_树查找效率的首要因素。

4．B⁺树

（1）B⁺树。B⁺树是应文件系统所需而出现的一种 B-树的变形树。一棵 m 阶的 B⁺树需要满足下列条件：

① 每个分支结点至多有 m 棵子树。

② 除根结点外，其他每个分支结点至少有 $\lfloor(m+1)/2\rfloor$ 棵子树。

③ 根结点至少有两棵子树，至多有 m 棵子树。

④ 有 n 棵子树的结点有 n 个关键码。

⑤ 所有叶结点包含全部（数据文件中记录）关键码及指向相应记录的指针（或存放数据文件分块后每块的最大关键码及指向该块的指针），而且叶结点按关键码大小顺序连接（可以把每个叶结点看成是一个基本索引块，它的指针不在指向另一级索引块，而是直接指向数据文件中的记录）。

⑥ 所有分支结点（可看成是索引的索引）中仅包含它的各个子结点（即下级索引的索引块）中最大关键码及指向子结点的指针。

（2）B⁺树的查找。在 B⁺树上进行随机查找的过程基本上与 B-树类似。只是在查找时，若非终端结点上的关键字等于给定值，并不终止，而是继续向下直到叶子结点。因此，在 B⁺树中，不管查找成功与否，每次查找都是走了一条从根到叶子结点的路径。

5．m 阶的 B⁺树与 m 阶的 B-树的差异

一棵 m 阶的 B⁺树与 m 阶的 B-树的差异在于：

（1）在 B⁺树中，具有 n 个关键码的结点含有 n 棵子树，即每个关键码对应一棵子树，而在 B-树中，具有 n 个关键码的结点含有（$n+1$）棵子树。

（2）在 B⁺树中，每个结点（除树根结点外）中的关键码个数 n 的取值范围是 $\lceil m/2\rceil\leq n\leq m$，根结点 n 的取值范围是 $1\leq n\leq m$，而在 B-树中，它们的取值范围分别是 $\lceil m/2\rceil-1\leq n\leq m-1$ 和 $1\leq n\leq m-1$。

（3）B⁺树中的所有叶子结点包含全部关键码，即其他非叶子结点中的关键码包含在叶子结点中，而在 B-树中，叶子结点包含的关键码与其他结点包含的关键码是不重复的。

（4）B⁺树中所有非叶结点仅起到索引的作用，即结点中的每个索引项只含有对应子树的最大关键码和指向该子树的指针，不含有该关键码对应记录的存储地址，而在 B-树中，每个关键码对应一个记录的存储地址。

（5）通常在 B⁺树上有两个头指针，一个指向根结点，另一个指向关键码最小的叶子结点，所有叶结点连接成一个不定长的线性链表。

8.1.4　哈希表

1．哈希表的基本概念

到现在为止，讨论的几种查找方法，不论是顺序查找、折半查找、分块查找，还是二叉排序树查找，它们共同的特点是：为了找到文件中的某个记录，都要通过一系列的关键字值比较之后，才能确定欲查记录在文件中的位置，查找需要的时间总是与文件中记录的个数 n 有关。而哈希查找的思想与前面四种方法完全不同，哈希查找方

法是利用关键字进行某种运算后直接确定元素的存储位置,所以哈希查找方法是利用关键字进行转换计算元素存储位置的查找方法。

哈希表是在一块连续的内存空间采用哈希法建立起来的符号表。它是一种适用于哈希查找的查找表的组织方式。

哈希表中的数据元素是这样组织的:某一个关键字为 key 的数据元素在放入哈希表时,根据 key 确定该数据元素在哈希表中的位置。从数学的观点看就是产生一个函数变换,如式(8.8)所示。

$$D=H(key) \tag{8.8}$$

式中,key 是数据元素的关键字;D 是在哈希表中的存储位置;H 又称哈希函数。

若 key1≠key2,而 $H(key1)=H(key2)$,则这种现象称为冲突,且 key1 和 key2 对哈希函数 H 来说是同义词。

根据设定的哈希函数 $f=H(key)$ 和处理冲突的方法,将一组关键字映像到一个有限的连续的地址集上,并以关键字在地址集中的"像"作为记录在表中的存储位置,这一映像过程称为构造哈希表(散列表)。

2. 哈希函数的构造方法

一个好的哈希函数应该是既易于计算,又可使冲突减少到最低限度。显然,哈希地址分布越均匀,产生冲突的可能性就越小。要使哈希函数实现均匀分布,就应使所构造的哈希函数与关键字值的所有组成部分相关。也就是说,让组成关键字值的所有成分在实现转换中都起作用,以反映不同关键字值之间的差异。

常用的构造哈希函数的方法有如下几种:

(1)直接地址法。直接地址法的哈希函数 H 对于关键字是数字类型的文件,直接利用关键字求得哈希地址,如式(8.9)所示。

$$H(key)=key+C \tag{8.9}$$

在使用时,为了使哈希地址与存储空间吻合,可以调整 C。

(2)数字分析法。数字分析法是假设有一组关键字,每个关键字由 n 位数字组成,如 $k_1k_2\cdots k_n$。数字分析法是从中提取数字分布比较均匀的若干位作为哈希地址。

(3)平方取中法。平方取中法是取关键字平方的中间几位作为散列地址的方法,具体取多少位视实际情况而定。

(4)折叠法。此方法将关键码自左到右分成位数相等的几部分,最后一部分位数可以短些,然后将这几部分叠加求和,并按哈希表表长,取后几位作为哈希地址。这种方法称为折叠法。

有两种叠加方法如下:

① 移位法:将各部分的最后一位对齐相加。

② 间界叠加法:从一端向另一端沿各部分分界来回折叠后,最后一位对齐相加。

(5)除留余数法。除留余数法是用关键字 k 除以散列表长度 m 所得余数作为散列地址的方法。对应的散列函数 $H(k)$ 如式(8.10)所示。

$$H(k)=k\%m \tag{8.10}$$

(6)随机数法。选择一个随机函数,取关键字的随机函数值为它的哈希地址,即

$H(\text{key})=\text{random}(\text{key})$，其中，random 为随机函数。通常，在关键字长度不等时采用此法构造哈希函数较恰当。

3．处理冲突的方法

所谓冲突就是两个不相同的关键字值被转换成同一个哈希地址的现象。在构造哈希函数时，应尽量寻求使地址分布均匀的哈希函数，以避免冲突。然而，关键字值空间大于地址空间的情况下，即使哈希函数非常均匀，也只能减少冲突，但不能避免冲突，因此，必须有良好的方法来处理冲突。

假设哈希表是一个地址为 0~$m-1$ 的顺序表，冲突是指由关键字得到的哈希地址 $j \in [0..m-1]$处已存有记录，而"处理冲突"就是为该关键字的记录找到另一个"空"的哈希地址。在处理冲突的过程中可能会得到一个地址序列 $H_i(H_i \in [0..m-1]$，$i=1,2,\cdots,n)$，即处理哈希地址冲突时所得到的另一个哈希地址 H_1 仍然发生冲突，只得再求下一个地址 H_2，依此类推，直到 H_n 不发生冲突为止，则 H_n 为记录在表中的位置。

通常，处理冲突的方法有下列几种。

（1）开放定址法：所谓开放定址法，即是由关键码得到的哈希地址一旦产生冲突，也就是说，该地址已经存放了数据元素，就去寻找下一个空的哈希地址，只要哈希表足够大，空的哈希地址总能找到，并将数据元素存入。开放定址法又分为线性探测再散列、二次探测再散列和随机探测再散列。

假设哈希表空间为 $T(0,m-1)$，哈希函数为 $H(\text{key})$。

① 线性探测再散列如式（8.11）所示。

$$H_i=(\text{Hash}(\text{key})+d_i) \bmod m \qquad (1 \leqslant i < m) \qquad （8.11）$$

式中，$\text{Hash}(\text{key})$为哈希函数；m 为哈希表长度；d_i 为增量序列 $1,2,\cdots,m-1$，且 $d_i=i$。

② 二次探测再散列如式（8.12）所示。

$$H_i=(\text{Hash}(\text{key}) \pm d_i) \bmod m \qquad （8.12）$$

式中，$\text{Hash}(\text{key})$为哈希函数；m 为哈希表长度，m 要求是某个 $4k+3$ 的质数（k 是整数）；d_i 为增量序列 $1^2,-1^2,2^2,-2^2,\cdots,q^2,-q^2$，且 $q \leqslant \dfrac{1}{n}(m-1)$。

（2）再哈希法：再哈希法是指用式（8.13）求得地址序列。

$$H_i=\text{RH}_i(\text{key}) \quad (i=1,2,\cdots,n) \qquad （8.13）$$

式（8.13）中，RH_i 是互不相同的哈希函数，即在同义词产生地址冲突时再用另一个哈希函数计算地址直到冲突不再发生。这种方法不易产生聚集，单增加了计算的时间。

（3）链地址法：当存储结构是链表时，多采用链地址法，用链地址法处理冲突的方法是：把具有相同散列地址关键字值放在同一个链表中，称为同义词链表。通常把具有相同哈希地址的关键字都存放在一个同义词链表中，有 m 个散列地址就有 m 个链表，同时用数组 $t[m]$存放各个链表的头指针，凡是散列地址为 i 的记录都以结点方式插入以 $t[i]$为指针的单链表中。

4．哈希表的性能分析

哈希表的装填因子定义为：$\alpha = \dfrac{\text{填入表中的元素个数}}{\text{哈希表的长度}}$

α 是哈希表装满程度的标志因子。由于表长是定值，α 与"填入表中的元素个数"成正比，因此，α 越大，填入表中的元素较多，产生冲突的可能性就越大；α 越小，填入表中的元素较少，产生冲突的可能性就越小。

（1）线性探测再散列的哈希表查找成功时的平均查找长度为 $\dfrac{1}{2}\left(1+\dfrac{1}{1-\alpha}\right)$。

（2）二次探测再散列的哈希表查找成功时的平均查找长度为 $-\dfrac{1}{\alpha}\ln(1-\alpha)$。

（3）链地址法的哈希表查找成功时的平均查找长度为 $1+\dfrac{\alpha}{2}$。

8.1.5 各种查找方法的比较

综上所述，各种查找方法都各有优缺点。

（1）折半查找法的平均查找长度小，查找速度快，但要求文件是有序，且只能用于顺序存储结构。若文件中的记录经常变化，为保持文件的有序性，需要不断进行调整，这在一定程度上要降低查找效率。因此，对于不常变动的或静态的有序文件，采用折半查找法是比较理想的。对于经常变动的文件，可采用树表查找，但其占用的空间要多一些。

（2）顺序查找的效率很低，但是，顺序查找算法简单且对文件的结构没有要求，因此，当文件中的记录个数很少时，采用顺序查找比较好。顺序查找不仅适用于顺序存储结构，而且也适用于链式存储结构。

（3）分块查找的平均查找长度介于顺序查找和折半查找之间。由于其结构是分块的，因此，当表中记录有变化时，只要调整相应块中的记录即可。分块查找可用于顺序存储结构，也可用于链式存储结构。

（4）哈希法是一种直接计算地址的方法，它是通过对关键字值进行某种运算来确定欲查记录的存放地址。在查找过程中无须进行关键字值的比较，因此，其查找时间与文件中记录的个数无关。查找效率主要取决于发生冲突的可能性和处理冲突的办法。

8.2 常见题型及典型题精解

例 8.1 折半查找只能在有序的顺序表上进行而不能在有序链表上进行。

【例题解答】折半查找时需要根据查找区间的下限和上限定位中间位置，这对于单链表存储的查找表是不能做到的，因为单链表中的每个结点的地址可能不是连续分配的，因此，单链表不能进行折半查找，只能从头结点开始逐步搜索。

【答案】正确

例 8.2 对于给定的关键字集合，以不同的次序插入初始为空的二叉排序树中，得到的二叉排序树是相同的。

【例题解答】得到的二叉排序树不一定相同，因为第一个关键字是二叉排序树的根结点，以后每个结点的插入都是从根结点开始比较，按照二叉排序树的性质确定新结点的位置，因此以不同的次序插入初始为空的二叉排序树中得到的二叉排序树可能是不相同的。例如：关键字集合{1,2,3}，以{1,2,3}插入与以{2,3,1}插入是不同的，以{2,1,3}插入与以{2,3,1}插入是相同的。

【答案】错误

例 8.3　哈希表的查找效率完全取决于所选取的哈希函数和处理冲突的方法。

【例题解答】哈希表的查找效率还受装填因子的影响。装填因子越大，存取元素时发生冲突的可能性就越大，查找效率就会降低。

【答案】错误

例 8.4　静态查找表与动态查找表的根本区别在于（　　　）。

  A. 它们的逻辑结构不一样　　　　　B. 施加在其上的操作不一样

  C. 所包含的数据元素类型不一样　　　D. 存储实现不一样

【例题解答】动态查找表上运算包括插入、删除操作，静态查找表上运算不包括插入、删除操作。

【答案】B

例 8.5　与其他查找方法相比，散列查找法的特点是（　　　）。

  A. 通过关键字的比较进行查找

  B. 通过关键字计算元素的存储地址进行查找

  C. 通过关键字计算元素的存储地址并进行一定的比较进行查找

  D. 以上都不是

【例题解答】散列查找时，首先按关键字计算元素的存储地址，然后再进行比较，如果不是查找的元素，则继续按解决冲突的方法进行探查。

【答案】C

例 8.6　设哈希表长 $m=14$，哈希函数 $H(k)=k$ MOD 11。表中已有四个记录，如果用二次探测再散列处理冲突，关键字为 49 的记录的存储地址是（　　　）。

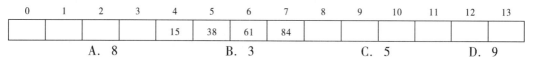

0	1	2	3	4	5	6	7	8	9	10	11	12	13
				15	38	61	84						

  A. 8　　　　　　　　B. 3　　　　　　　　C. 5　　　　　D. 9

【例题解答】因为 $H(49)=49$ MOD $11=5$，与 38 产生冲突，利用二次探测再散列解决冲突，$H(49)=(5+1)$MOD $14=6$，仍冲突；$H(49)=(5-1)$MOD $14=4$，仍冲突；$H(49)=(5+4)$MOD $14=9$，不发生冲突。所以关键字为 49 的记录存储地址为 9。

【答案】D

例 8.7　如果 m 阶 B_树中具有 n 个关键字，则叶子结点（即查找不成功的结点）为（　　　）。

  A. $n-1$　　　　　　B. n　　　　　　C. $n+1$　　　　D. $n/2$

【例题解答】根据 B_树的定义可得。

【答案】C

例 8.8 若对具有 n 个元素的有序的顺序表和无序的顺序表分别进行顺序查找，试在下述两种情况下分别讨论两者在等概率时的平均查找长度：

（1）查找不成功，即表中无关键字等于给定值 K 的记录。

（2）查找成功，即表中有关键字等于给定值 K 的记录。

【例题解答】 查找不成功时，需进行 $n+1$ 次比较才能确定查找失败。因此平均查找长度为 $n+1$，这时有序表和无序表是一样的。

查找成功时，平均查找长度为 $(n+1)/2$，有序表和无序表也是一样的。

例 8.9 设顺序表按关键字从小到大有序，试设计顺序检索算法，将监视哨设在高下标端，然后分别求出在等概率情况下检索成功和不成功的平均检索长度。

【例题解答】 设待检索记录存放在 $R[0]$ 到 $R[n-1]$ 中，然后在 $R[0]$ 至 $R[n-1]$ 中检索 k 的位置。其算法如下：

```
int seqsrch(RecordType R[],int k)
{ int i;
  R[n].key=k;  i=0;              //设监视哨 R[n],i 的初值为 0
  while(R[i].key<k)    i++;
    if(R[i].key==k)   return(i%n);
    else   return(0);            //检索失败
}
```

（1）检索成功时的平均检索长度为 $\mathrm{ASL} = \dfrac{1}{n}\sum_{i=1}^{n} i$。

（2）检索不成功时的平均检索长度为 $\mathrm{ASL}=(n+2)/2$。

例 8.10 画出对长度为 10 的有序表进行折半查找的一棵判定树，并求其等概率时查找成功的平均查找长度。

【例题解答】 依题意，假设长度为 10 的有序表为 a，进行折半查找的判定树如图 8.1 所示。

查找成功的平均查找长度为：$\mathrm{ASL}=(1×1+2×2+3×4+4×3)/10=2.9$。

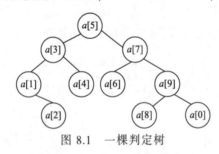

图 8.1　一棵判定树

例 8.11 证明二叉排序树的中序遍历序列是从小到大有序的。

【例题证明】 采用反证法证明：

设中序遍历序列为：

$$R_1, R_2, R_3, \cdots, R_i, \cdots, R_j, \cdots, R_n \qquad （序列 1）$$

并假设 $R_j<R_i$，根据二叉排序树的生成规则，R_i，R_j 一定是以某一结点 R_k 为根的子树中的结点，不妨设在生成二叉排序树时，R_i 先于 R_j 输入，而且 $R_i \geqslant R_k$（$R_i<R_k$ 的

情况类似），这样 R_i 输入后一定是 R_k 右子树中的结点。在 R_j 输入时，若 $R_j \geq R_k$，则 R_j 也成为 R_k 右子树的结点，但由于 $R_j < R_i$，R_j 不可能成为 R_i 右子树中的结点。若 $R_j < R_k$，则 R_j 成为 R_k 左子树中的结点，这样按中序遍历所得序列为：

$$\cdots, R_k, \cdots, R_j, \cdots, R_i, \cdots \qquad （序列 2）$$

或

$$\cdots, R_j, \cdots, R_k, \cdots, R_i, \cdots \qquad （序列 3）$$

这样，（序列 2）、（序列 3）与（序列 1）矛盾，所以当 $R_j < R_i$ 时命题成立。

同理可以证明 R_j 先于 R_i 输入的情况。

例 8.12 将序列 13,15,22,8,34,19,21 插入一个初始时是空的哈希表中，哈希函数采用 $H(x)=1+(x\%7)$。

（1）使用线性探测法解决冲突。

（2）使用步长为 3 的线性探测法解决冲突。

（3）使用再哈希法，冲突时哈希函数取 $H(x)=1+(x\%6)$。

【例题解答】 取哈希表的长度为 8.

（1）使用线性探测法解决冲突，即步长为 1。

对应的地址如下：

$H(13)=1+(13\%7)=7$

$H(15)=1+(15\%7)=2$

$H(22)=1+(22\%7)=2$（冲突）

$H_1(22)=(2+1)\%8=3$

$H(8)=1+(8\%7)=2$（冲突）

$H_1(8)=(2+1)\%8=3$（仍冲突）

$H_2(8)=(3+1)\%8=4$

$H(34)=1+(34\%7)=7$（冲突）

$H_1(34)=(7+1)\%8=0$

$H(19)=1+(19\%7)=6$

$H(21)=1+(21\%7)=1$

哈希表如表 8.1 所示。

表 8.1 哈希表

地址	0	1	2	3	4	5	6	7
Key	34	21	15	22	8		19	13
探测次数	2	1	1	2	3		1	1

（2）使用步长为 3 的线性探测法解决冲突。

对应地址如下：

$H(13)=1+(13\%7)=7$

$H(15)=1+(15\%7)=2$

$H(22)=1+(22\%7)=2$（冲突）

$H_1(22)=(2+3)\%8==5$

$H(8)=1+(8\%7)=2$（冲突）

$H_1(8)=(2+3)\%8=5$（仍冲突）

$H_2(8)=(5+3)\%7=1$

$H(34)=1+(34\%7)=7$（冲突）

$H_1(34)=(7+3)\%8=2$（冲突）

$H_2(34)=(2+3)\%8=5$（仍冲突）

$H_3(34)=(5+3)\%8=0$

$H(19)=1+(19\%7)=6$

$H(21)=1+(21\%7)=1$（冲突）

$H_1(21)=(1+3)\%8=4$

哈希表如表8.2所示。

表8.2　哈希表

地址	0	1	2	3	4	5	6	7
Key	34	8	15		21	22	19	13
探测次数	2	3	1		2	2	1	1

（3）使用再散列法，冲突时散列函数取 $H(x)=1+(x\%6)$，再冲突时散列函数取 $H(x)=1+(x\%5)$，……，依此类推。

对应的地址如下：

$H(13)=1+(13\%7)=7$

$H(15)=1+(15\%7)=2$

$H(22)=1+(22\%7)=2$（冲突）

$H_1(22)=1+(22\%6)=5$

$H(8)=1+(8\%7)=2$（冲突）

$H_1(8)=1+(8\%6)=3$

$H(34)=1+(34\%7)=7$（冲突）

$H_1(34)=1+(34\%6)=5$（仍冲突）

$H_2(34)=1+(34\%5)=5$（仍冲突）

$H_3(34)=1+(34\%4)=3$（仍冲突）

$H_4(34)=1+(34\%3)=2$（仍冲突）

$H_5(34)=1+(34\%2)=1$

$H(19)=1+(19\%7)=6$

$H(21)=1+(21\%7)=1$（冲突）

$H_1(21)=1+(21\%6)=4$

哈希表如表8.3所示。

表 8.3　哈希表

地址	0	1	2	3	4	5	6	7
key		34	15	8	21	22	19	13
探测次数		6	1	2	2	2	1	1

例 8.13　在下列算法中画横线的位置上填空，使之成为完整、正确的算法。

算法说明：已知 r[1..n] 是 n 个记录的递增有序表，用折半查找法查找关键字(key)为 k 的记录。若查找失败，则输出"failure"，函数返回值为 0；否则输出"success"，函数返回值为该记录的序号值。

```
int binary_search(struct recordtype R[],int n,keytype k)
//R[1..n]为 n 个记录的递增有序表,k 为关键字
{ int mid,low=1,hig=n;
  while(low<=hig)
  { mid=_____①_____;
    if(k<r[mid].key) _____②_____;
    else if(k==r[mid].key)
    { _____③_____;
      _____④_____;
    }
    else _____⑤_____;
  }
  _____⑥_____;
  _____⑦_____;
}
```

【例题解答】本算法是折半查找的非递归算法。

填空如下：

① (low+hig)/2；

② hig=mid-1；

③ printf("success\n")；

④ return mid；

⑤ low=mid+1；

⑥ printf("failure\n")；

⑦ return 0。

例 8.14　编写一个函数，利用折半查找算法在一个有序表中插入一个元素 x，并保持表的有序性。

【例题解答】依题意，先在有序表 R 中利用折半查找算法查找关键字值等于或小于 x 的结点，mid 指向正好等于 x 的结点或 low 指向的关键字正好大于 x 的结点，然后采用移动法插入 x 结点即可。

实现本题功能的函数如下：

```
Bininsert (RecordType R[],int x,int n)
{ int low=1,high=n,mid,inplace,i,find=0;
  while(low<=high&&! find)
  { mid=(low+high)/2;
    if(x<R[mid].key)  high=mid-1;
```

```
    else if(x>R[mid].key)  low=mid+1;
       else
       { i=mid;
         find=1;
       }
     }
   if(find)  inplace=mid;    //在mid所指结点之前插入x结点
   else  inplace=low;//此时low所指的关键字正好大于x,即在该结点之前插入x结点
   for(i=n;i>=inplace;i--)   //采用移动法插入x结点
     R[i+1].key=R[i].key;
   R[inplace].key=x;
}
```

例 8.15 利用二叉树遍历的思想编写一个判断二叉树是否为平衡二叉树的算法。

【例题解答】 balance 为平衡二叉树的标记，初值为 1（真），最后返回二叉树 bt 是否为平衡二叉树；h 为二叉树 bt 的高度。采用递归先序遍历的判断算法。算法如下：

```
void judge(Btree *bt,int &balance,int &h)
{  int bl,br;
   if(bt==NULL)
   { h=0;
     balance=1;
   }
   else if(p->lchild==NULL&&p->rchild==NULL)
   { h=1;
     balance=1;
   }
   else
   { judge(bt->lchild,bl,hl);
     judge(bt->rchild,br,hr);
     if(abs(hl,hr)<2)
       balance=bl&br;      //&为整数的逻辑与
     else
       balance=0;
   }
}
int abs(int x,int y)
{ int z=x-y;
  if(z<0)  return -z;
  else return z;
}
```

例 8.16 已知哈希表 H 的装填因子小于 1，哈希函数 H（key）为关键字的第一个字母在字母表中的序号。

（1）处理冲突的方法为线性探测开放地址法。编写一个按第一个字母的顺序输出哈希表中所有关键字的程序。

（2）处理冲突的方法为链地址法。编写一个计算在等概率情况下查找不成功的平均查找长度的算法。注意：此算法中规定不能用公式直接求解计算。

【例题解答】

（1）因为装填因子小于 1，所以哈希表未填满。用字符串数组*s[]存放字符串关键字。变量 i 从 1 到 26 循环：对于第 j 个字符串 s[j]，若 H(s[j])=i,则输出 s[j]。算法如下：

```
#define N 20
#define M N-1
void hash(char *s[M])
{int i,j;
 for(i=1;i<=26;i++)
 { j=0;
   while(s[j][0]!='\0')          //s[j]即第j个字母串不为空串
   { if(H(s[j])==i)              //H()是哈希函数
     printf("%d",s[j]);
     j=(j+1)%n;
   }
 }
}
```

（2）先定义哈希表的类型 HashTable 如下：

```
#define MaxLen 100                    //定义哈希表表头数组的最大元素个数
Typedef struct node{                  //定义哈希表链表的结点类型
KeyType key;
struct node *next;
}Lnode;
Typedef struct headnode {             //定义哈希表表头结点类型
struct node *link;
}hashhead;
Typedef hashhead HashTable[MaxLen];   //哈希表是一个数组
```

算法的基本思想是：对于每个 i，求出以 H[i]为表头的单链表的查找失败时的比较次数（如它有两个结点，则查找失败时的比较次数为 2），并累加到 count 中，最后返回 count/m 的值即为查找不成功的平均查找长度。算法如下：

```
Float SearchLength(HashTable H,int m)    //m为哈希表表头结点个数
{ int count=0;                            //count为统计查找失败时总的比较次数
  Lnode *p;
  for(i=0;i<m;i++)
  { p=H[i];
    j=0;
    while(p!=NULL)
    {j++;
      p=p->next;
    }
    count+=j;
  }
  return count/m;
}
```

8.3 学习效果测试

1. 单项选择题

（1）顺序查找适用于存储结构为（   ）的线性表。

    A. 哈希存储　　B. 压缩存储　　　C. 顺序存储或链式存储　D. 索引存储

（2）如果要求一个线性表既能较快地查找，又能适应动态变化的要求，则可采用的查找方法是（   ）。

    A. 分块   B. 顺序   C. 折半   D. 哈希

（3）对长度为 3 的顺序表进行查找，若查找第一个元素的概率为 1/2，查找第二个元素的概率为 1/3，查找第三个元素的概率为 1/6，则查找任一元素的平均查找长度为（   ）。

    A. 5/3   B. 2   C. 7/3   D. 4/3

（4）若查找每个元素的概率相等，则在长度为 n 的顺序表上查找任一元素的平均查找长度为（   ）。

    A. n B. $n+1$ C. $(n-1)/2$ D. $(n+1)/2$

（5）对于长度为 18 的顺序存储的有序表，若采用折半查找，则查找 15 个元素的查找长度为（   ）。

    A. 3   B. 4   C. 5   D. 6

（6）对于顺序存储的有序表(5,12,20,26,37,42,46,50,64)，若采用折半查找，则查找元素 26 的查找长度为（   ）。

    A. 2   B. 3   C. 4   D. 5

（7）对线性表进行折半查找时，要求线性表必须（   ）。

    A. 以顺序方式存储

    B. 以链接方式存储

    C. 以顺序方式存储，且结点按关键字有序排序

    D. 以链接方式存储，且结点按关键字有序排序

（8）采用折半查找方法查找长度为 n 的线性表时，每个元素的平均查找长度为（   ）。

    A. $O(n^2)$ B. $O(n\log_2 n)$ C. $O(n)$ D. $O(\log_2 n)$

（9）采用分块查找时，若线性表中共有 625 个元素，查找每个元素的概率相同，假设采用顺序查找来确定结点所在的块时，每块应分（   ）个结点为最佳。

    A. 10   B. 25   C. 6   D. 625

（10）如果要求一个线性表既能较快地查找，又能适应动态变化的要求，可以采用（   ）查找方法。

    A. 分块   B. 顺序   C. 折半   D. 散列

（11）在一棵深度为 h 的具有 n 个元素的二叉排序树中，查找所有元素的最长查找长度为（   ）。

    A. n B. $\log_2 n$ C. $(h+1)/2$ D. h

（12）在一棵平衡二叉排序树中，每个结点的平衡因子的取值范围是（   ）。

    A. $-1 \sim 1$ B. $-2 \sim 2$ C. $1 \sim 2$ D. $0 \sim 1$

（13）在哈希查找中，平均查找长度主要与（   ）有关。

    A. 哈希表长度   B. 哈希元素的个数

    C. 装填因子   D. 处理冲突的方法

（14）若根据查找表建立长度为 m 的闭散列表，采用线性探测法处理冲突，假定对一个元素第一次计算的散列地址为 d，则下一次的散列地址为（   ）。

A. d B. $d+1$ C. $(d+1)/m$ D. $(d+1)\%m$

（15）假设哈希表长 $m=14$，哈希函数 $H(key)=key\%11$，表中已有 4 个结点：

addr(15)=4

addr(38)=5

addr(61)=6

addr(84)=7

其余地址为空，如用二次探测再散列处理冲突，关键字为 49 的结点的地址是
（　　）

    A. 8   B. 3   C. 5   D. 9

2．填空题

（1）顺序查找法的平均查找长度为_____；折半查找法的平均查找长度为_____；分块查找法（以顺序查找确定块）的平均查找长度为_____；分块查找法（以折半查找确定块）的平均查找长度为_____；哈希表查找法采用链接法处理冲突时的平均查找长度为_____。

（2）以折半查找方法在一个查找表上进行查找时，该查找表必须组织成_____存储的_____表。

（3）假设长度 $n=50$ 的有序表进行折半查找，则对应的判定树高度为_____，最后一层的结点数为_____。

（4）在分块查找方法中，首先查找_____，然后再查找相应的_____。

（5）长度为 255 的表，采用分块查找法，每块的最佳长度是_____。

（6）对于长度为 n 的线性表，若进行顺序查找，则时间复杂度为_____，若采用折半法查找，则时间复杂度为_____；若采用分块查找（假定总块数和每块长度均接近 $\sqrt{n}$），则时间复杂度为_____。

（7）对一棵二叉排序树进行中序遍历时，得到的结点序列是一个_____。

（8）根据 n 个元素建立一棵二叉排序树的时间复杂性大致为_____。

（9）对线性表（18,25,63,50,42,32,90）进行散列存储时，若选用 $H=key\%9$ 作为哈希函数，则散列地址为 0 的元素有_____个，散列地址为 5 的元素有_____个。

（10）在散列存储中，装填因子 α 的值越大，则_____；α 的值越小，则_____。

（11）在散列函数 $H(key)=key\%p$ 中，p 应取_____。

（12）假设在有序线性表 A[1..20] 上进行二分查找，则比较一次查找成功的结点数为_____，则比较二次查找成功的结点数为_____，则比较三次查找成功的结点数为_____，则比较四次查找成功的结点数为_____，则比较五次查找成功的结点数为_____，平均查找长度为_____。

（13）分块查找的存储结构仅限于_____，且是_____。

（14）在各种查找方法中，平均查找长度与结点个数 n 无关的查找方法是_____。

3．简答题

（1）简述顺序查找法、折半查找法和分块查找法对被查找表中数据元素的要求。

如果查找表中每个数据元素的概率相同，此时对于一个长度为 n 的表，问：

① 用顺序查找法查找时，其平均查找长度为多少？

② 用折半查找法查找时，其平均查找长度为多少？

③ 用分块查找法查找时，其平均查找长度为多少？

（2）设有一个有序文件，其中各记录的关键字为：(1,2,3,4,5,6,7,8,9,10,11,12,13,14,15)，当用折半查找算法查找关键字为 3,8,19 时，其比较次数分别为多少？

（3）有一个 2 000 项的表，要采用等分区间顺序查找的分块查找法，问：

① 每块理想长度是多少？

② 分成多少块最为理想？

③ 平均查找长度 ASL 为多少？

④ 若每块是 20，ASL 为多少？

（4）为什么二叉排序树长高时，新结点总是一个叶子，而 B_树长高时，新结点总是根？哪一种长高能保证树平衡？

（5）依次把结点(34,23,15,98,115,28,107,56,67,88,79,36)插入初始状态为空的平衡二叉排序树中，使得在每次插入后保持该树仍然是平衡二叉树。请依次画出每次插入后所形成的平衡二叉树。

（6）将数据（4,9,26,10,12,33,22,19）散列到哈希表中。

① 采用除留余数法构造哈希函数，线性探测再散列处理冲突，要求新插入数据的平均查找次数不多于 2.5 次。试确定哈希表的表长 m 及相应的哈希函数 H(key)。

② 由①构造出哈希表，并分别计算查找成功和不成功时的平均查找次数。

③ 采用①的哈希函数 H(key)，但用链地址法处理冲突。构造哈希表，并分别计算此时查找成功和不成功时的平均查找次数。

（7）画出对长度为 10 的有序表进行二分查找的一棵判定树，并求其等概率时查找成功的平均查找长度。

（8）试比较三种解决冲突的方法的优缺点。

4．算法设计题

（1）编写一个函数，利用二分查找算法在一个有序表中插入一个元素 x，并保持表的有序性。

（2）设给定的散列表存储空间为 H(1~m)，每个 H(i)单元可存放一个记录，H[i](1 $\leq i \leq m$)的初始值为 NULL，选取的散列函数为 H(R.key)，其中，R.key 为 R 记录的关键字，解决冲突方法为"线性探测法"，编写一个函数将某记录 R 填入散列表 H 中。

（3）设计一个算法，求出指定结点在给定二叉排序树中的层次。

（4）写出折半检索的递归算法。

（5）设计一个算法，判定给定的二叉树是否是二叉排序树。

（6）试写出具有索引表的分块顺序查找算法。

（7）假设按如下所述在有序的线性表中查找 x：先将 x 与表中的第 4j（j=1,2,…）项进行比较，若相等，则查找成功；否则由某次比较求得比 x 大的一项 4k 之后继而和 4k−2 项比较，然后和 4k−3 或 4k−1 项进行比较，直到查找成功。

① 给出实现上述算法的函数。

② 试画出当表长 $n=16$ 时的判定树，并推导此查找方法的平均查找长度（考虑查找元素等概率和 $n\%4=0$ 的情况）。

8.4 上机实验题及参考代码

实验题 8.1 设计一个算法实现在一棵二叉排序树中查找一个结点。

对应的程序代码如下：

```
typedef struct node
{
  int key;
  struct node *lchild,*rchild;
}NODE;
#define NULL  0
NODE *search(NODE *t,int k);
main()
{
  NODE  a,b,c,d,e,*h,*m;
  int k;
  h=&a;
  a.key=45; a.lchild=&b; a.rchild=&c;
  b.key=24; b.lchild=&d; b.rchild=NULL;
  c.key=53; c.lchild=NULL; c.rchild=&e;
  d.key=12; d.lchild-NULL; d.rchild=NULL;
  e.key=90; e.lchild=NULL; e.rchild=NULL;
  printf("please input search key:");
  scanf("%d",&k);
  m=search(h,k);
  printf("\n%d\n",m);
}
NODE *search(NODE *t,int k)
{
  NODE *p;
  p=t;
  while(p!=NULL)
  {
    if(p->key==k)
      return (p);
    else
    {
      if(p->key>k)
        p=p->lchild;
      else
        p=p->rchild;
    }
  }
  return NULL;
}
```

实验题 8.2 动态创建一棵二叉排序树，并在此二叉排序树中查找一个结点，找到返回，没有找到动态插入此结点。

对应的程序代码如下：

```c
#include <stdlib.h>
typedef struct bst_node
{
   int key;
   struct bst_node *lchild,*rchild;
}BST_NODE;
#define NULL 0
BST_NODE *creat_bst(int m,int r[]);
void insert_bst(BST_NODE *s,BST_NODE *bst);
int bst_search(BST_NODE *t,int k);
main()
{
  int n=5;
  int kx[5]={45,24,53,12,90};
  BST_NODE * q;
  q=creat_bst(n,kx);
  printf("%d",bst_search(q,12));
}
void insert_bst(BST_NODE *s,BST_NODE *bst)
{
  BST_NODE *p;
  int i=0;
  if(bst==NULL)
    bst=s;
  else
  { p=bst;
    while(i==0)
    {
      if(s->key<p->key)
        if(p->lchild!=NULL)
          p=p->lchild;
        else
        { p->lchild=s;i=1;}
      else
        if(p->rchild!=NULL)
          p=p->rchild;
        else
        {p->rchild=s;i=1;}
    }
  }
}
```

排　　序 ≪≪≪

◀ 第 9 章

【重点】

- 直接插入排序。
- 希尔排序。
- 冒泡排序。
- 快速排序。
- 简单选择排序。
- 堆排序。
- 归并排序。

【难点】

- 快速排序。
- 堆排序。

9.1　重点内容概要

9.1.1　排序的基本概念

排序：就是根据关键字值的递增或者递减的次序，把这种文件中的记录依次排列起来，使一个无序的文件变成有序文件。

稳定排序：如果在排序文件中存在多个关键字相同的记录，经过排序后这些只有相同关键字的记录之间的相对次序保持不变的排序方法。

不稳定排序：若具有相同关键字的记录之间在排序结束后，其相对次序发生变化的排序方法。

内部排序：排序过程中，若整个文件都是放在内存中处理，排序时不涉及数据的内、外存交换。内部排序速度快，一般用于小型文件。

外部排序：是用于大型文件的排序方法，因为文件很大，全部记录不能同时存放在内存之中，排序期间，记录要在内、外存之间来回调动。

内部排序的方法很多，但就其全面性而言，很难提出一种被认为是最好的方法，每一种方法都有各自的优缺点，适合在不同的环境下使用。如果按排序过程中的不同原则对内部排序方法进行分类，则大致可分为插入排序、交换排序、选择排序、归并排序和计数排序五类。

9.1.2　插入排序

插入排序的基本思想是：每次将一个待排序的记录，按其关键字大小插入前面已经排好序的子表中的适当位置，直到全部记录插入完成为止。

1．直接插入排序

直接插入排序是一种最简单的排序方法，它的基本思路是：把一个记录插入一个有序文件中去，在插入后使文件仍然是有序的。假设待排序的记录存放在数组 R[0..n-1] 中，排序过程的某一中间时刻，R 被划分成两个子区间 R[0..i-1] 和 R[i..n-1]。其中，前一个子区间是已排好序的有序区；后一个子区间则是当前未排序的部分，不妨称其为无序区。直接插入排序的基本操作是将当前无序区的第 1 个记录 R[i] 插入有序区 R[0..i-1] 中适当的位置上，使 R[0..i] 变为新的有序区。这种方法通常称为增量法，因为它每次使有序区增加 1 个记录。

算法 9.1　直接插入排序的算法如下：

```
void InsertSort(RecType R[], int n) //对R[0..n-1]按递增有序进行直接插入排序
{
    int i,j;
    RecType temp;
    for(i=1;i<n;i++)
    { temp=R[i];
      j=i-1;                    //从右向左在有序区R[0..n-1]中查找R[i]的插入位置
      while(j>=0&&temp.key<R[j].key)
      { R[j+1]=R[j];            //将关键字大于R[i].key的记录后移
        j--;
      }
      R[j+1]=temp;             //在j+1处插入R[i]
    }
}
```

直接插入排序的时间复杂度为 $O(n^2)$，它是稳定的。

2．其他插入排序

折半插入排序：由于插入排序的基本操作是在一个有序表中进行查找和插入，这个"查找"操作可以利用"折半查找"来实现，由此进行的插入排序称为折半插入排序。

算法 9.2　折半插入排序算法如下：

```
void BinsertSort(RecType R[],int n)
{ int low,high,m;
  int i,j;
  for(i=2; i<=length; i++)
  { R[0]=R[i];                    //将R[i]暂存到R[0]
    low=1; high=i-1;              //设置初始区间
    while(low<=high)             //该循环语句完成确定插入位置
    { m=(low+high)/2;            //折半
      if(R[0].key>R[m].key)
        low=m+1;                 //插入位置在高半区中
      else high=m-1;             //插入位置在低半区中
    } //while
    for(j=i-1;j>=high+1;j--)      //high+1为插入位置
      R[j+1]=R[j];               //后移元素，留出插入空位
```

```
    R[high+1]=R[0];                    //将元素插入
  } //for
}// BinsertSort
```

折半插入排序的时间复杂度为 $O(n^2)$，它是稳定的。

3. 希尔排序

希尔排序也是直接插入排序方法的一种改进，实际上是一种分组插入方法，又称缩小增量排序，是 1959 年由 D.L.Shell 提出来的，较前述两种插入排序方法有较大的改进。其基本思想是：先取一个小于 n 的整数 d_1 作为第一个增量，把表的全部记录分成 d_1 个组，所有距离为 d_1 的倍数的记录放在同一个组中，在各组内进行直接插入排序；然后，取第二个增量 $d_2 < d_1$，重复上述的分组和排序，直至所取的增量 $d_1 = 1(d_t < d_{t-1} < \cdots < d_2 < d_1)$，即所有记录放在同一组中进行直接插入排序为止。

算法 9.3 希尔排序的算法如下：

```
void   ShellInsert(RecType R[],int n)
{
  int  i,j,d;
  RecType temp;
  d=n/2;
  while(d>0)
  {for(i=d;i<n;i++)
    {j=i-d;
      while(j>=0)
      if(R[j].key>R[j+d].key
      { temp=R[j];
        R[j]=R[j+d];               //R[j]与R[j+d]交换
        R[j+d]=temp;
        j=j-d;
      }
      else j=-1;
    }
    d=d/2;                         //递减增量d
  }
}
```

【时效分析】

希尔排序的时效分析很难，关键码的比较次数与记录移动次数依赖于步长因子序列的选取，特定情况下可以准确估算出关键码的比较次数和记录的移动次数。目前还没有人给出选取最好的步长因子序列的方法。步长因子序列可以有各种取法，有取奇数的，也有取质数的，但需要注意：步长因子中除 1 外没有公因子，且最后一个步长因子必须为 1。希尔排序方法的平均时间复杂度为 $O(n\log_2 n)$，它是一个不稳定的排序方法。

9.1.3 交换排序

1. 冒泡排序

冒泡排序是一种典型的交换排序方法，其基本思想是：使关键字值小的记录往上冒，关键字值大的记录往下沉，从而使记录按关键字值由小到大，自上而下排成有序序列。其方法是：从第一个记录 R_n 开始，对每两个相邻的关键字 k_i 和 k_{i+1} 进行比较，

若 $k_i > k_{i+1}$，则交换 R_i 和 R_{i+1} 的位置。使关键字较小的记录换至关键字较大的记录之前，使得经过一趟冒泡排序后，关键字最小的记录到达最前端，接着，再在剩下的记录中找关键字次数较小的记录，并把它换在第二个位置上。依此类推，一直到所有记录都有序为止。

算法 9.4 冒泡排序的算法如下：

```
void BubbleSorta(int a[],int n)
{ int temp;
  int flag =1 ;                /*表示冒泡过程是否存在交换的标志*/
  while(flag)
  { int j=n-1;
    flag=0;
    for(int i=1; i<=j; i++)
    { if(a[i-1]>a[i])
      { temp=a[i]; a[i]=a[i-1];a[i-1]=temp; flag=1;}
    }
    j--;
  }
}
```

考虑关键字的比较次数和对象移动次数：

（1）在最好情况下，初始状态是递增有序的，一趟扫描就可完成排序，关键字的比较次数为 $n-1$，没有记录移动。

（2）若初始状态是反序的，则需要进行 $n-1$ 趟扫描，每趟扫描要进行 $n-i$ 次关键字的比较，且每次需要移动记录三次，因此，总比较次数如下：

$$总比较次数 = \sum_{j=2}^{n}(j-1) = \frac{1}{2}n(n-1)$$

最坏情况下：每次比较后均要进行三次移动，移动次数 $= \sum_{j=2}^{n}3(j-1) = \frac{3}{2}n(n-1)$。

最好情况下：待排序列已有序，不需移动。

2．快速排序

快速排序是由冒泡排序改进而得的，它的基本思想是：寻找待排序文件的第一个记录最终应占据的位置，当把该记录放到它最终应占据的位置上之后，文件被分割成两个部分，关键字值小于等于该记录关键字值的所有记录都处于它的左侧，构成一个子文件；而关键字值大于该记录关键字值的所有记录都处于它的右侧，构成另一个子文件。对于每个子文件又可按照同样的方法进行处理，进而分成更小的部分，直到每部分只有一个记录为止，此时所有的记录都被放到其最终应占据的位置上，排序便完成。其方法是：在待排序的 n 个记录中任取一个记录 R（通常取第一个记录），以该记录的关键字 k 为准，将所有剩下的 n-1 个记录分割成两个子序列。第一个子序列中的每个记录关键字均小于等于 k，第二个子序列中的每个记录关键字均大于等于 k。然后将 k 对应的记录排在第一个子序列之后及第二个子序列之前。这个过程称为一趟快速排序。之后分别对子序列 1 和子序列 2 重复上述过程，直至每个子序列只有一个记录时为止。

算法 9.5 速排序算法如下：

```
void QuickSort(RecTye R[],int s,int t)
{   int i=s,j=t,k;
    RecType temp;
    if(i<j)
    {   temp=R[s];                 //用区间的第 1 个记录为基准
        while(i!=j)                //从区间两端交替向中间扫描，直至 i=j 为止
        {   while(j>i&&R[j].key>temp)
            j--;  //从右向左扫描，找第 1 个关键字小于 temp.key 的记录 R[j]
        if(i<j)   //表示找到这样的 R[j],R[i]和 R[j]交换
        {   R[i]=R[j];
            i++;
        }
        while(i<j&&R[j].key<temp)
            i++;   //从左向右扫描，找第 1 个关键字大于 temp.key 的记录 R[i]
            if(i<j) //表示找到这样的 R[j],R[i]和 R[j]交换
            { R[j]=R[i];
              j--;
            }
        }
    R[i]=temp;
    QuickSort(R,s,i-1);            //对左区间递归排序
    QuickSort(R,i+1,t);           //对右区间递归排序
    }
}
```

【效率分析】

空间效率：快速排序是递归的，每层递归调用时的指针和参数均要用栈来存放，递归调用层次数与上述二叉树的深度一致。因而，存储开销在理想情况下为 $O(\log_2 n)$，即树的高度；在最坏情况下，即二叉树是一个单链，为 $O(n)$。

时间效率：在 n 个记录的待排序列中，一次划分需要约 n 次关键码比较，时效为 $O(n)$，若设 $T(n)$ 为对 n 个记录的待排序列进行快速排序所需时间。

快速排序的平均时间复杂度为 $O(n\log_2 n)$，它是不稳定的。

9.1.4　选择排序

选择排序的基本思想是：每一趟从待排序列中选取一个关键码最小的记录，即第一趟从 n 个记录中选取关键码最小的记录，顺序放在已排好序的子表的最后，第二趟从剩下的 $n-1$ 个记录中选取关键码最小的记录，直到整个序列的记录选完。这样，由选取记录的顺序，便得到按关键码有序的序列。

1. 简单选择排序

简单选择排序的基本方法是：第一趟，从 n 个记录中找出关键码最小的记录与第一个记录交换；第二趟，从第二个记录开始的 n-1 个记录中再选出关键码最小的记录与第二个记录交换；如此，第 i 趟，则从第 i 个记录开始的 n-i+1 个记录中选出关键码最小的记录与第 i 个记录交换，直到整个序列按关键码有序。

算法 9.6　简单选择排序的具体算法如下：

```
void SelectSort(Rectype R[],int n)
{   int i,j,k;
```

```
RecType temp;
for(i=0;i<n-1;i++)        //做第 i 趟排序
{ k=i;
    for(j=i+1;j<=n;j++) //在当前无序区 R[i..n-1]中选最小的记录 R[k]
        if(R[j].key<R[k].key)
          k=j;              //k 记下目前找到的最小关键字所在的位置
        if(k!=i)         //交换 R[i]和 R[k]
        { temp=R[i]; R[i]=R[k]; R[k]=temp;
        }
    }
}
```

从程序中可看出，简单选择排序移动记录的次数较少，但关键码的比较次数依然是 $\frac{1}{2}n(n+1)$，所以时间复杂度仍为 $O(n^2)$。它是不稳定的。

2．树状选择排序

树状选择排序是一种按照锦标赛的思想进行选择排序的方法。首先对 n 个记录的关键字进行两两比较，然后在其中 $\lceil n/2 \rceil$ 个较小者之间再进行两两比较，如此重复，直至选出最小关键字记录为止。这个过程可用一棵有 n 个叶子结点的完全二叉树表示。由于含有 n 个叶子结点的完全二叉树的深度为 $\lceil \log_2 n \rceil +1$，则在树状选择排序中，除了最小关键字之外，每选择一个次小关键字仅需进行 $\lceil \log_2 n \rceil$ 次比较，因此，它的时间复杂度为 $O(n\log_2 n)$。但是，这种排序方法尚有辅助存储空间较多，与"最大值"进行多余的比较等缺点。为了弥补，威洛姆斯提出了另一种形式的选择排序——堆排序。

3．堆排序

堆排序是一种树状选择排序，它的特点是：在排序过程中，将 R[1..n]看成是一棵完全二叉树的顺序存储结构，利用完全二叉树中双亲结点和孩子结点之间的内在关系，在当前无序区中选择关键字最大（或最小）的记录。

堆的定义：n 个元素的序列 $\{k_1,k_2,\cdots,k_n\}$ 当且仅当该序列满足下列关系时，称为堆。

（1）这些元素是一棵完全二叉树中的结点，且对于 $i=1, 2,\cdots, n$，k_i 是该完全二叉树中编号为 i 的结点。

（2）$k_i \geqslant k_{2i}$　（或 $k_i \leqslant k_{2i}$）　　　　　　　　　（$1 \leqslant i \leqslant \lfloor n/2 \rfloor$）

（3）$k_i \geqslant k_{2i+1}$（或 $k_i \leqslant k_{2i+1}$）　　　　　　　　（$1 \leqslant i \leqslant \lfloor n/2 \rfloor$）

从堆的定义可以看出，堆是一棵完全二叉树，其中每一个非终端结点的元素均大于等于（或小于等于）其左、右孩子结点的元素值。

堆顶元素值最大的称为大顶堆，堆顶元素值最小的称为小顶堆。

根据堆的定义，可以推出堆的两个性质：

（1）堆的根结点是堆中元素值最大（或最小）的结点，称为堆顶元素。

（2）从根结点到每个叶结点的路径上，元素的排序序列都是递减（或递增）有序的。

堆排序的基本思想是：对一组待排序记录，首先把它们的关键字按堆定义排列成一个序列（称为初始建堆），堆顶元素为最大关键字的记录，将堆顶元素输出；然后对剩余的记录再建堆（调整堆），得到次最大关键字记录；如此反复进行，直到全部记录有序为止，这个过程称为堆排序。

要解决两个问题：

（1）如何将一个无序序列建成一个堆？（建立初始堆）

（2）在输出堆顶记录之后，如何调整剩余记录成为一个新的堆？（调整堆）

调整方法：设有 m 个元素的堆，输出堆顶元素后，剩下 $m-1$ 个元素。将堆底元素送入堆顶，堆被破坏，其原因仅是根结点不满足堆的性质。将根结点与左、右子女中较小（或小大）的进行交换。若与左子女交换，则左子树堆被破坏，且仅左子树的根结点不满足堆的性质；若与右子女交换，则右子树堆被破坏，且仅右子树的根结点不满足堆的性质。继续对不满足堆性质的子树进行上述交换操作，直到叶子结点，堆被建成。这个自根结点到叶子结点的调整过程称为筛选。

建堆方法：对初始序列建堆的过程，就是一个反复进行筛选的过程。n 个结点的完全二叉树，则最后一个结点是第 $\left\lfloor \dfrac{n}{2} \right\rfloor$ 个结点的子女。对第 $\left\lfloor \dfrac{n}{2} \right\rfloor$ 个结点为根的子树筛选，使该子树成为堆，之后向前依次对各结点为根的子树进行筛选，使之成为堆，直到根结点。

算法 9.7 堆排序的算法如下：

```
void HeapSort(RecType R[],int n)
{ int i;
  RecType temp;
  for(i=n/2;i>=1;i--)           //循环建立初始堆
      sift(R,i,n);
  for(i=n;i>=2;i--)             //进行 n-1 次循环，完成堆排序
  { temp=R[1];                  //将第一个元素同当前区间内 R[1]对换
    R[1]=R[i];
    R[i]=temp;
    Sift(R,1,i-1);             //筛 R[1]结点，得到 i-1 个结点的堆
  }
}
void sift(RecType R[], int low, int high)
{ int i=low,j=2*i;             //R[j]是 R[i]的左孩子
  RecType temp=R[i];
  while(j<=high)
  { if(j<high&&R[j].key<R[j+1].key //若右孩子较大，把 j 指向右孩子
      j++;                     //变为 2i+1
      if(temp.key<R[j].key
      { R[i]=R[j];             //将 R[j]调整到双亲结点位置上
          i=j;                 //修改 i 和 j 的值，以便继续向下筛选
          j=2*i;
      }
    else break;                //筛选结束
  }
  R[i]=temp;                   //被筛结点的值放入最终位置
}
```

【效率分析】

树高为 k，$k = \left\lfloor \log_2 n \right\rfloor + 1$。从根到叶的筛选，关键码比较次数至多 $2(k-1)$ 次，交

换记录至多 k 次。所以，在建好堆后，排序过程中的筛选次数不超过：$2(\lfloor\log_2(n-1)\rfloor+\lfloor\log_2(n-2)\rfloor+\cdots+\log_2 2\rfloor) < 2n\log_2 n$。

而建堆时的比较次数不超过 $4n$ 次，因此堆排序最坏情况下，时间复杂度也为 $O(n\log_2 n)$，它是不稳定的。

9.1.5 归并排序

归并排序是多次将两个或两个以上的有序表合并成一个新的有序表。最简单的归并是直接将两个有序的子表合并成一个有序的表。

Merge()的功能是将前后相邻的两个有序表归并为一个有序表的算法。设两个有序表 R[low..mid], R[mid+1..high]存放在同一有序表中相邻的位置上，先将它们合并到一个局部的暂存向量 R1 中，待合并完成后将 R1 复制回 R 中。为了简便，称 R[low..mid]为第 1 段，R[mid+1..high]为第 2 段。每次从两段中取出一个记录进行关键字的比较，将较小者放入 R1 中，最后将各段中余下的部分直接复制到 R1 中。这样 R1 是一个有序表，再将其复制回 R 中。

算法 9.8 归并排序的算法如下：

```
void Merge(RecType R[],int low,int mid,int high)
{ RecType *R1;
  int i=low,j=mid+1,k=0;            //k是R1的下标，i、j分别为第1、2段的下标
  R1=(RecType*)malloc((high-low+1)*sizeof(RecType)); //动态分配空间
  while(i<=mid&&j<=high)            //在第1段和第2段均未扫描完时循环
  { if(R[i].key<=R[j].key)          //将第1段中的记录放入R1中
    {R1[k]=R[i];i++;k++;
    }
    else                           //将第2段中的记录放入R1中
    { R1[k]=R[j];j++;k++;
    }
  }
    while(i<=mid)                   //将第1段余下部分复制到R1
    {R1[k]=R[j];
     i++; k++;
    }
    while(j<=high)                  //将第2段余下的部分复制到R1
    {R1[k]=R[j];
     j++; k++;
    }
    for(k=0,i=low;i<=high;k++,i++)     //将R1复制回R中
        R[i]=R1[k];
}
```

Merge()实现了一次归并，接着解决一趟归并问题。在某趟归并中，设各子表长度为 length（最后一个子表的长度可能小于 length），则归并前 R[0..n-1]中共 $\lceil n/length\rceil$ 个有序的子表：R[0..length-1],R[length..2length-1],…,R[($\lceil n/length\rceil$)×length..n-1]。调用 Merge()将相邻的一对子表进行归并时，必须对子表的个数可能是奇数以及最后一个子表的长度小于 length 这两种特殊情况进行特殊处理：若子表的个数为奇数，则最后一个子表无须和其他子表归并（即本趟轮空）；若子表个数为偶数，则要注意最

后一对子表中后一个子表区间上界是 n-1。

算法 9.9 具体算法如下：

```
void mergePass(RecType R[],int length,int n)
{ int i;
  for(i=0;(i+2*length-1)<n;i=i+2*length)  //归并 length 长的相邻子表
    { Merge (R,i,i+length-1,i+2*length-1)
    }
  if(i+length-1<n)                        //余下两个子表，后者长度小于 length
    Mergth (R,i,i+length-1,n-1);          //归并这两个子表
}
```

二路归并算法如下：

```
void MergeSort(RecType R[],int n)
{ int length;
  for (length=1;length<n;length=2*length)
  MergePass(R,length,n);
}
```

二路归并排序算法的平均时间复杂度为 $O(n\log_2 n)$，辅助数组所需的空间为 $O(n)$。归并排序是稳定的排序方法。

9.1.6　基数排序

基数排序是和前面所述各类排序方法完全不同的一种排序方法。基数排序 (Radix Sort) 是一种借助于多关键字排序的思想对单逻辑关键字进行排序的方法，即先将关键字分解成若干部分，然后通过对各部分关键字的分别排序，最终完成对全部记录的排序。

例如：一副扑克牌中 52 张牌，可按花色和面值分成两个字段，其大小关系为：

花色：梅花 ＜ 方块 ＜ 红心 ＜ 黑心
面值：2 ＜ 3 ＜ 4 ＜ 5 ＜ 6 ＜ 7 ＜ 8 ＜ 9 ＜ 10 ＜ J ＜ Q ＜ K ＜ A

若对扑克牌按花色、面值进行升序排序，得到如下序列：

梅花 2,3,…,A, 方块 2,3,…,A, 红心 2,3,…,A, 黑心 2,3,…,A

即两张牌，若花色不同，不论面值怎样，花色低的那张牌小于花色高的，只有在同花色情况下，大小关系才由面值的大小确定。这就是多关键码排序。

为得到排序结果，讨论两种排序方法：

方法 1：先对花色排序，将其分为 4 个组，即梅花组、方块组、红心组、黑心组。再对每个组分别按面值进行排序，最后，将 4 个组连接起来即可。

方法 2：先按 13 个面值给出 13 个编号组（2 号，3 号，…，A 号），将牌按面值依次放入对应的编号组，分成 13 堆。再按花色给出 4 个编号组（梅花、方块、红心、黑心），将 2 号组中的牌取出分别放入对应花色组，再将 3 号组中的牌取出分别放入对应花色组，……这样，4 个花色组中均按面值排序，然后，将 4 个花色组依次连接起来即可。

设 n 个元素的待排序列包含 d 个关键码 $\{k^1, k^2, \cdots, k^d\}$，则称序列对关键码 $\{k^1, k^2, \cdots, k^d\}$ 有序是指：对于序列中任意两个记录 $r[i]$ 和 $r[j](1 \leqslant i \leqslant j \leqslant n)$ 都满足下列有序关系：

$$(k_i^1, k_i^2, \cdots, k_i^d) \quad (k_i^1, k_i^2, \cdots, k_i^d)$$

其中，k^1 称为最主位关键码，k^d 称为最次位关键码。

多关键码排序按照从最主位关键码到最次位关键码或从最次位到最主位关键码的顺序逐次排序，分两种方法：

最高位优先法（Most Significant Digit first，MSD）：先按 k^1 排序分组，同一组中记录，关键码 k^1 相等，再对各组按 k^2 排序分成子组，之后，对后面的关键码继续这样的排序分组，直到按最次位关键码 k^d 对各子组排序后。再将各组连接起来，便得到一个有序序列。扑克牌按花色、面值排序中介绍的方法一即是 MSD 法。

最低位优先法（Least Significant Digit first，LSD）：先从 k^d 开始排序，再对 k^{d-1} 进行排序，依次重复，直到对 k^1 排序后便得到一个有序序列。扑克牌按花色、面值排序中介绍的方法二即是 LSD 法。

9.1.7 各种内部排序方法的比较

评估一个排序法的好坏，除了用排序的时间及空间外，尚需考虑稳定度、最坏状况和程序的编写难易程度，如冒泡排序法，虽然效率不高，但却常常被使用，因为好写易懂。而归并排序法需要大量的额外空间，快速排序法虽然很快，但在某些时候效率却与插入排序法差不多。本节从时间复杂度、空间复杂度、特殊情况和稳定性四方面对各排序算法进行比较。特殊情况是当序列有序时，对排序算法复杂度的影响。所谓稳定性指的是，假设原序列中存在相同的关键字 $\alpha1$ 和 $\alpha2$ 且 $\alpha1$ 排在 $\alpha2$ 的前面，若排序后，$\alpha2$ 排到 $\alpha1$ 的前面则称这个排序算法是不稳定的，否则是稳定的。表 9.1 给出各个算法的比较结果。从表 9.1 可以看出，没有哪种算法"绝对的优秀"。在解决实际问题时，要根据不同的需求和数据特点选择合适的排序算法。在选择排序算法时一般遵循以下原则：

（1）排序规模不大，用直接插入排序、简单选择排序、冒泡排序均可，虽然其时间复杂度逊于快速排序算法，但其实现简单，性能的差距在数据量较小时体现不明显。

（2）综合表现，快速排序最佳，这也符合"快速"的称号，虽然其在空间复杂度方面逊于堆排序算法，且在序列有序的情况下，快速排序也逊于堆排序，但在编程的复杂性上比堆排序简单。

（3）当排序规模很大，而且对稳定性有要求时，可以采用归并排序，前提是有足够的复制空间。

表 9.1　各种排序算法比较

排 序 算 法	时间复杂度	辅 助 空 间	序 列 有 序	是 否 稳 定
直接插入排序	$O(n^2)$	$O(1)$	$O(n)$	稳定
希尔排序	$O(n^{1.3})$	$O(1)$	/	不稳定
简单选择排序	$O(n^2)$	$O(1)$	$O(n^2)$	不稳定
冒泡排序	$O(n^2)$	$O(1)$	$O(n)$	稳定
快速排序	$O(n\log_2 n)$	$O(\log_2 n)$	$O(n^2)$	不稳定
堆排序	$O(n\log_2 n)$	$O(1)$	$O(n\log_2 n)$	不稳定
归并排序	$O(n\log_2 n)$	$O(n)$	$O(n\log_2 n)$	稳定
基数排序	$O(k(m+n))$	$O(n+m)$	$O(k(m+n))$	稳定

9.1.8　外部排序简介

前面介绍的各种排序算法都是在内存中进行的,因此需要把待排序的记录一次性装入内存。当待排序的记录过多,无法一次性装入内存时,会导致相当一部分待排序记录存储在外存储器上,排序过程中需要在内存和外部存储器之间进行多次数据交换,以达到记录排序的目的,这种排序称为外部排序。外部排序常用的算法是归并排序,这里的归并排序和第 9.1.5 小节中的归并排序的基本思想一致。由于每次归并两组记录,因此又称二路归并。

外部排序基本上由两个相互独立的阶段组成。首先,按可用内存大小,将外存上含 n 个记录的文件分成若干长度为 k 的子文件或段,依次读入内存并利用有效的内部排序方法对它们进行排序,并将排序后得到的有序子文件重新写入外存。通常称这些有序子文件为归并段或顺串。然后,对这些归并段进行逐趟归并,使归并段(有序子文件)逐渐由小到大,直至得到整个有序文件为止。

9.2　常见题型及典型题精解

例 9.1　判断下面说法的正确性:用希尔(shell)方法排序时,若关键字的初始排序杂乱无章,则排序效率偏低。对有 n 个记录的集合进行归并排序时,所需要的辅助空间数与初始记录的排列状况有关。

【例题解答】希尔排序时每趟只对相同增量距离的关键字进行比较,这与关键字序列初始有序或无序无关。

【答案】错误

例 9.2　判断下面说法的正确性:堆排序所需要附加空间数与待排序的记录个数无关。

【例题解答】堆排序无论待排序的记录个数有多少,所需要的附加空间数都是 $O(1)$。

【答案】正确

例 9.3　判断下面说法的正确性:快速排序的速度在所有排序方法中为最快,而且所需附加空间也最少。

【例题解答】快速排序需要一个额外的栈空间,直接插入排序、冒泡排序、直接选择排序和堆排序所需附加空间最少。

【答案】错误

例 9.4　在待排序的元素序列基本有序的前提下,效率最高的排序方法是(　　　)。
　　　　A. 插入排序　　　B. 选择排序　　　　C. 快速排序　　　D. 归并排序

【例题解答】在待排序元素序列基本有序的前提下,插入排序所需要的减缓次数和比较次数最少,效率最低的是快速排序。

【答案】A

例 9.5　设有 1 000 个无序的元素,希望用最快的速度挑选出其中前 10 个最大的元素,最好选用(　　　)排序方法。
　　　　A. 冒泡排序　　　B. 快速排序　　　　C. 堆排序　　　　D. 基数排序

【例题解答】选项中只有冒泡排序和堆排序分别进行 10 趟冒泡和 10 趟堆的调整即可得到所需要结果，而快速排序和基数排序有可能到最后一趟全排好序后，才能确定前 10 个最大元素。在不要求稳定性的情况下，堆排序又比冒泡排序效率高。

【答案】C

例 9.6 下列四种排序方法中，要求内存容量最大的是（   ）。

       A. 插入排序   B. 选择排序   C. 快速排序   D. 归并排序

【例题解答】插入排序和选择排序所需要的辅助存储空间为 $O(1)$，快速排序所需的辅助空间为 $O(\log_2 n)$，归并排序所需要的辅助空间为 $O(n)$。

【答案】D

例 9.7 下列四种排序方法，在排序过程中关键码比较次数与记录的初始排列顺序无关的是（   ）。

       A. 直接插入排序和快速排序   B. 快速排序和归并排序

       C. 直接选择排序和归并排序   D. 直接插入排序和归并排序

【例题解答】在备选项中只有在直接选择排序和归并排序中，关键码比较次数与记录的初始排列顺序无关。

【答案】C

例 9.8 对一个由 n 个元素组成的序列，要借助排序过程找出其中的最大值，希望比较次数和移动次数最少，那么在归并排序、直接插入排序和直接选择排序中应选择_____。

【例题解答】采用归并方法和直接插入方法找最大值所需的移动次数要比直接选择方法多。

【答案】直接选择排序

例 9.9 在堆排序、快速排序和归并排序中，若只从存储空间的角度考虑，则应首先选取_____方法，其次选取_____方法，最后选取_____方法；若只从排序的稳定性角度考虑，则应选取_____方法；若只从平均情况下排序最快考虑，则应选取_____方法；若只从最坏情况下排序最快并且要节省内存考虑，则选取_____方法。

【例题解答】堆排序的空间复杂度为 $O(1)$，快速排序的空间复杂度为 $O(\log_2 n)$，归并排序的空间复杂度为 $O(n)$；归并排序是稳定的，堆排序和快速排序是不稳定的；在平均的情况下，快速排序是最快的；在最坏情况下，快速排序的时间复杂度为 $O(n^2)$，空间复杂度为 $O(n)$，而堆排序和归并排序性能基本稳定。

【答案】堆排序，快速排序，归并排序；归并排序；快速排序；堆排序

例 9.10 将 5 个不同的数据进行排序，至少比较_____次，至多比较_____次。

【例题解答】如果 5 个不同的数据已经按照要求有序排列，采用 4 次比较，即可确定；如果 5 个不同的数据是要求排序的逆序，需要分别进行 4、3、2、1 次比较，分别确定出序列的第一个到最后一个元素，因此要进行 10 次比较。

【答案】4；10

例 9.11 已知下列各种初始状态（长度为 n）的元素，试问当利用直接插入法进

行排序时，至少需要进行多少次比较（要求排序后的文件按关键字从小到大顺序排列）？

（1）关键字自小至大有序（$key_1 < key_2 < \cdots < key_n$）。

（2）关键字自大至小逆序（$key_1 > key_2 > \cdots > key_n$）。

（3）奇数关键字顺序有序，偶数关键字顺序有序（$key_1 < key_3 < \cdots < key_2 < key_4 < \cdots key_{n-2} < key_n$）。

（4）前半部分元素按关键字顺序有序，后半部分元素按关键字顺序逆序（$key_1 < key_2 < \cdots < key_m$，$key_{m+1} > key_{m+2} > \cdots > key_n$这里的 m 是中间位置。

【例题解答】 依题意，取各种情况下的最好的比较次数即为最少比较次数。

（1）这种情况下，插入第 i（$2 \leq i \leq n$）个元素的比较次数为 1，因此总的比较次数为：
$$1+1+\cdots+1=n-1$$

（2）这种情况下，插入第 i（$2 \leq i \leq n$）个元素的比较次数为 i，因此总的比较次数为：
$$2+3+\cdots+n-1=n-(n-1)(n+2)/2$$

（3）这种情况下，比较次数最少的情况是所有记录关键字均按升序排列，这时，总的比较次数为：
$$n-1$$

（4）在后半部分元素的关键字均大于前半部分元素的关键字时需要的比较次数最少，此时前半部分的比较次数：$m-1$，后半部分的比较次数：$(n-m-1)(n-m+2)/2$，因此，比较次数为：
$$m-1+(n-m-1)(n-m+2)/2=(n-2)(n+8)/8 \quad （假设 n 为偶数，m=n/2）$$

例 9.12 试为下列各种情况选择合适的排序方法。

（1）$n=30$，要求在最坏的情况下，排序速度最快。

（2）$n=30$，要求排序速度即要快，又要排序稳定。

【例题解答】

（1）从平均时间性能而言，在所有的内部排序中，快速排序最佳，其所需要的时间最省，但是快速排序在最坏情况下的时间性能不如堆排序和归并排序。后两者相比较的结果是：只有在 n 较大时，归并排序所需要的时间才比堆排序省，但是它所需要的辅助存储量最多。根据题意，$n=30$，要求在最坏的情况下，排序速度最快，因此可以选择堆排序和归并排序方法，时间复杂度为 $0(30\log_2^{30})$。

（2）在所有的内部排序中，稳定的排序方法有：直接插入排序法、冒泡排序法、归并排序法和基数排序法，其中只有归并排序法的排序速度最快为 $0(n\log_2^n)$。根据题意，$n=30$，要求排序速度既要快，又要排序稳定，因此可以选择归并排序方法。

例 9.13 设计一个双向冒泡排序算法，即在排序过程中交替改变扫描方向。

【例题解答】冒泡排序的基本思想是：从最后一个记录开始，对每两个相邻的关键字进行比较，且使关键字较小的记录换至关键字较大的记录之上，使得经过一趟冒泡排序之后，关键字最小的记录到达最前端；接着，再在剩下的记录中寻找关键字最小的记录，并把它换至第二个位置上；依此类推，一直到所有记录都有序为止。

双向冒泡排序的基本思想则是：每一趟通过每两个相邻的关键字进行比较，同时产生最小和最大的元素。

实现双向冒泡排序算法如下：

```
void Dbubble(RecType R[],int n)              //排序元素 r[1]~r[n]
{ int i=1,flag=1;
  RecType temp;
  while(flag)
  {flag=0;
    for(j=n-i+1;j>=i+1;j--)                  //找出较小元素放在 R[i]
      if(R[j].key<R[j-1].key)
      {flag=1;
       temp=R[j];
       R[j]=R[j-1];
       R[j-1]=temp;
      }
    for(j=i+1;j<=n-i+1;j++)                   //找出较大元素放在 R[n-i+1]
      if(R[j].key>R[j+1].key)
      {flag=1;
       temp=R[j];
       R[j]=R[j+1];
       R[j+1]=temp;
       }
    i++;                                     //继续往右扫描
  }
}
```

9.3 学习效果测试

1. 单项选择题

（1）对于具有 12 个记录的序列，采用冒泡排序最少的比较次数是（   ）。

    A. 1　　　　　　　　B. 144　　　　　　　C. 11　　　　　　　　D. 66

（2）在对 n 个元素进行直接插入排序的过程中，共需要进行（   ）趟。

    A. n　　　　　　　　B. $n+1$　　　　　　　C. $n-1$　　　　　　　D. $2n$

（3）对 n 个元素进行直接插入排序时间复杂度为（   ）。

    A. $O(1)$　　　　　　B. $O(n^2)$　　　　　　C. $O(n)$　　　　　　D. $O(\log_2 n)$

（4）对 n 个元素冒泡排序的过程中，至少需要（   ）趟完成。

    A. 1　　　　　　　　B. n　　　　　　　　C. $n-1$　　　　　　　D. $n/2$

（5）在对 n 个元素进行快速排序的过程中，最好情况下需要进行（   ）趟。

    A. n　　　　　　　　B. $n/2$　　　　　　　C. $\log_2 n$　　　　　　D. $2n$

（6）在对 n 个元素快速排序的过程中，平均情况下的时间复杂度（   ）。

    A. $O(1)$　　　　　　B. $O(\log_2 n)$　　　　C. $O(n^2)$　　　　　　D. $O(n\log_2 n)$

（7）排序方法中，从未排序序列中依次取出元素与已排序序列（初始时为空）中的元素进行比较，将其放入已排序序列的正确位置上的方法，称为（   ）。

    A. 插入排序　　　B. 起泡排序　　　C. 希尔排序　　　D. 选择排序

（8）设关键字序列为：3,7,6,9,8,1,4,2。进行排序的最小交换次数是（　　）。

A．6　　　　　　　B．7　　　　　　　C．8　　　　　　　D．9

（9）用某种排序方法对线性表(25,84,21,47,15,27,68,35,20)进行排序时，元素序列的变化情况如下：

① 25,84,21,47,15,27,68,35,20

② 20,15,21,25,47,27,68,35,84

③ 15,20,21,25,35,27,47,68,84

④ 15,20,21,25,27,35,47,68,84

则所采用的排序方法是（　　）。

A．选择排序　　　　B．希尔排序　　　C．归并排序　　　　D．快速排序

（10）对下列四个序列进行快速排序，各以第一个元素为基准进行第一次划分，则在该次划分过程中需要移动元素次数最多的序列为（　　）。

A．1,3,5,7,9　　　　B．5,7,9,1,3　　　C．5,3,1,7,9　　　D．9,7,5,3,1

（11）若对 n 个元素进行简单选择排序，则进行任一趟排序的过程中，为寻找最小值元素所需要的时间复杂度为（　　）。

A．$O(1)$　　　　　B．$O(\log_2 n)$　　　C．$O(n)$　　　　　D．$O(n^2)$

（12）若对 n 个元素进行堆排序，则在由初始堆进行每趟排序的过程中，共需要进行（　　）次筛选运算。

A．$n+1$　　　　　B．$n/2$　　　　　C．n　　　　　　D．$n-1$

（13）排序方法中，从未排序序列挑选元素，并将其依次放入已排序序列（初始时为空）的一端的方法，称为（　　）。

A．希尔排序　　　　B．归并排序　　　C．插入排序　　　　D．选择排序

（14）下述几种排序方法中，平均查找长度最小的是（　　）。

A．插入排序　　　　B．选择排序　　　C．快速排序　　　　D．归并排序

（15）下述几种排序方法中，要求内存量最大的是（　　）。

A．插入排序　　　　B．选择排序　　　C．快速排序　　　　D．归并排序

（16）若对 n 个元素进行归并排序，则进行每一趟归并的时间复杂度为（　　）。

A．$O(1)$　　　　　B．$O(\log_2 n)$　　　C．$O(n)$　　　　　D．$O(n^2)$

2．填空题

（1）_____排序不需要进行记录关键字的比较。

（2）在时间复杂度为 $O(\log_2 n)$ 的排序方法中，_____排序方法是稳定的；在时间复杂度为 $O(n^2)$ 的排序方法中，_____排序方法是不稳定的。

（3）对 n 个记录的表 r[1..n]进行直接选择排序，所需进行的关键字间的比较次数为_____。

（4）对于关键字序列(12,13,11,18,60,15,7,20,25,100)，用筛选法建堆，必须从键值为_____的关键字开始。

（5）将 5 个不同的数据进行排序，至少比较_____次，至多比较_____次。

（6）以比较为基础的内部排序的时间复杂度的范围是_____。

（7）设关键字序列为：3,7,6,9,8,1,4,5,2。进行排序的最小交换次数是_____。

（8）若对一组记录(46,79,56,38,40,80,35,50,74)进行直接插入排序，当把第 8 个记录插入前面已排序的有序表时，为寻找插入位置需比较_____次。

（9）假定一组记录为(46,79,56,64,38,40,84,43)，在冒泡排序的过程中进行第一趟排序时，元素 79 将最终下沉到其后第_____个元素的位置。

（10）假定一组记录为(46,79,56,25,76,38,40,80)，对其进行快速排序的第一次划分后，右区间内元素的个数为_____。

（11）假定一组记录为(46,79,56,38,40,80,46,75)，对其进行归并排序的过程中，第二趟归并后的第 2 个子表为_____。

（12）在堆排序、快速排序和归并排序中，若只从存储空间考虑，则首先选取_____方法，其次选取_____方法，最后选取_____方法；若只从排序结果的稳定性考虑，则应选取_____方法；若只从平均情况下排序最快考虑，则应选取_____方法；若只从最坏情况下排序最快并且要节省内存考虑，则应选取_____方法。

（13）在插入排序、希尔排序、选择排序、快速排序、堆排序、归并排序和基数排序中，排序是不稳定的有_____。

（14）在插入排序，希尔排序、选择排序、快速排序、堆排序、归并排序和基数排序中，平均比较次数最少的排序是_____，需要内存容量最多的是_____。

3. 简答题

（1）对于给定的一组记录的关键字：23,13,17,21,30,60,58,28,30,90。

试分别写出用下列排序方法对其进行排序时，每一趟排序后的结果：

① 直接插入排序。

② 希尔排序。

③ 冒泡排序。

④ 简单选择排序。

⑤ 快速排序。

⑥ 堆排序。

⑦ 归并排序。

（2）在实现插入排序过程中，可以用折半查找来确定第 i 个元素在前 $i-1$ 个元素中的可能插入位置，这样做能否改善插入排序的时间复杂度？为什么？

（3）有 n 个不同的英文单词，它们的长度相等，均为 m，若 $n>>50$，$m<5$，试问采用什么排序方法时间复杂度最佳？为什么？

（4）在使用非递归方法实现快速排序时，通常要利用一个栈记忆待排序区间的两个端点。那么能否用队列来代替这个栈？为什么？

（5）对长度为 n 的记录序列进行快速排序时，所需要的比较次数依赖于这 n 个元素的初始序列。

① $n=8$ 时，在最好的情况下需要进行多少次比较？试说明理由。

② 给出 $n=8$ 时的最好情况的初始排列实例。

（6）判断下列序列是否为堆。若不是，则把它们调整为堆。

① (100,86,48,73,35,39,42,57,66,21)。

② (12,70,33,65,24,56,48,92,86,33)。

(7) 试举例说明各种内部排序方法中,哪些是稳定的?哪些是不稳定的?

4. 算法设计题

(1) 已知不带头结点的线性链表 list,链表中结点类型 Node 为:

data	next

其中,data 为数据域,next 为指针域。请写一个算法,将该链表按结点数据域的值的大小从小到大重新链接。要求链接过程中不得使用除该链表以外的任何链结点空间。

(2) 已知一个事先已赋值的长度为 n 的一维数组 R,试首先对其进行冒泡排序,其后,对所答的算法过程再进行适当的改进,并另行设计。

(3) 设计一个用链表表示的直接插入排序算法。

(4) 一个线性表中的元素为正整数或负整数。设计一个算法,将正整数或负整数分开,使线性表前一半为负整数,后一半为正整数。不要求对这些元素排序,但要求尽量减少交换次数。

(5) 编写实现快速排序的非递归函数。

(6) 采用单链表作为存储结构,编写一个采用选择排序方法进行升序排序的函数。

(7) 编写一个在 n 个记录的堆中增加一个记录,且调整为堆的算法。

9.4 上机实验题及参考代码

实验题 9.1 实现直接插入排序算法。

设计一个程序实现直接插入排序过程,并输出{9,8,7,6,5,4,3,2,1,0}的排序过程。

对应的程序代码如下:

```
#include <stdio.h>
#define MAXE 20                      //线性表中最多元素个数
typedef  int KeyType;
typedef char InfoType[10];
typedef struct                       //记录类型
{
  KeyType   key;                     //关键字项
  InfoType data;                     //其他数据项,类型为 InfoType
}RecType;
void InsertSort(RecType R[],int n) //对 R[0..n-1]按递增有序进行直接插入排序
{   int i,j,k;
    RecType temp;
    for(i=1;i<n;i++)
    {   temp=R[i];
        j=i-1;                       //从右向左在有序区 R[0..n-1]中找 R[i]的插入位置
        while(j>=0&&temp.key<R[j].key
        {   R[j+1]=R[j];             //将关键字大于 R[i].key 的记录后移
            j--;
        }
        R[j+1]=temp;                 //在 j+1 处插入 R[i]
```

```
        printf("i=%d,",i);              //输出每一趟的排序结果
        for(k=0;k<n;k++)
            printf("%3d",R[k].key);
        printf("\n");
    }
}
void main()
{   int i,k,n=10;
    KeyType a[]={9,8,7,6,5,4,3,2,1,0};
    RecType R[MAXE];
    for(i=0;i<n;i++)
        R[i].key=a[i];
    printf("初始关键字:");                 //输出初始关键字序列
    for(k=0;k<n;k++)
        printf("%3d",R[k].key);
    printf("\n");
    InsertSort(R,n);
    printf("最后结果: ");                  //输出排序后的关键字序列
    for(k=0;k<n;k++)
        printf("%3d",R[k].key);
    printf("\n");
}
```

实验题 9.2 实现冒泡排序算法。

设计一个程序实现冒泡排序过程，并输出{9,8,7,6,5,4,3,2,1,0}的排序过程。

对应的程序代码如下：

```
include <stdio.h>
#define MAXE 20                          //线性表中最多元素个数
typedef int KeyType;
typedef char InfoType[10];
typedef struct                           //记录类型
{
    KeyType  key;                        //关键字项
    InfoType data;                       //其他数据项，类型为 InfoType
} RecType;
void BubbleSort(RecType R[],int n)       //冒泡排序算法
{   int i,j,k;
    RecType temp;
    for(i=0;i<n-1;i++)
    {   for(j=n-1;j>i;j--)               //比较，找出本趟最小关键字的记录
        if(R[j].key<R[j-1].key
        {   temp=R[j];          //R[j]与R[j-1]进行交换，将最小关键字记录前移
            R[j]=R[j-1];
            R[j-1]=temp;
        }
    printf("i=%d,冒出的最小关键字:%d,结果为:",I,R[i].key);
    for(k=0;k<n;k++)
        printf("%2d",R[k].key);
    printf("\n");
    }
}
void main()
```

```
{   int i,k,n=10;
    KeyType a[]={9,8,7,6,5,4,3,2,1,0};
    RecType R[MAXE];
    for(i=0;i<n;i++)
        R[i].key=a[i];
    printf("初始关键字:");                //输出初始关键字序列
    for(k=0;k<n;k++)
        printf("%2d",R[k].key);
    printf("\n");
    BubbleSort(R,n);
    printf("最后结果:");                  //输出排序后的关键字序列
    for(k=0;k<n;k++)
        printf("%2d",R[k].key);
    printf("\n");
}
```

实验题 9.3 实现直接选择排序算法。

设计一个程序实现直接选择排序过程，并输出{6,8,7,9,0,1,3,2,4,5}的排序过程。

对应的程序代码如下：

```
include <stdio.h>
#define MAXE 20                          //线性表中最多元素个数
typedef int  KeyType;
typedef char InfoType[10];
typedef struct                           //记录类型
{
  KeyType  key;                          //关键字项
  InfoType data;                         //其他数据项,类型为 InfoType
} RecType;
void SelectSort (RecType R[],int n)      //直接选择排序算法
{   int i,j,k,l;
    RecType temp;
    for(i=0ij<n-1;i++)                   //做第 i 趟排序
    {   k=i;
        for(j=i+1;j<n;j++) //在当前无序区 R[i..n-1]中选 key 最小的 R[k]
            if(R[j].key<R[k].key
                k=j;                      //k 记下目前找到的最小关键字所在的位置
        if(k!=i)
        {   temp=R[i];
            R[i]=R[k];R[k]=temp;
        }
        printf("i=%d,选择的关键字:%d,结果为:",i,R[i].key);
        for(l=0;l<n;l++)                  //输出每一趟的排序结果
            printf("%2d",R[l].key);
        printf("\n");
    }
}
void main()
{   int i,k,n=10,m=5;
    KeyType a[]={6,8,7,9,0,1,3,2,4,5};
    RecType R[MAXE];
    for(i=0;i<n;i++)
        R[i].key=a[i];
```

```
        printf("初始关键字: ");                    //输出初始关键字序列
        for(k=0;k<n;k++)
            printf("%2d",R[k].key);
        printf("\n");
        SelectSort(R,n);
        printf("最后结果: ");
        for(k=0;k<n;k++)                            //输出序后的关键字序列
            printf(""%2d",R[k].key);
        printf("\n");
    }
```

第10章

文　件 ⋘

【重点】
- 不同种类的存储结构的特点。

【难点】
- 多关键字文件的存储结构。

10.1　重点内容概要

10.1.1　文件的基本概念

1．基本定义

文件：是性质相同的记录的集合，文件通常存储在外存上。

记录：是文件数据的基本单位。它可由一个或多个数据项组成。

数据项：是文件数据可使用的最小单位，又称字段或属性。其值能唯一标识一个记录的数据项称为主关键字，反之称为次关键字。

2．文件的逻辑结构

文件的逻辑结构是指记录在用户面前所呈现的方式。文件是记录的汇集，文件中各记录之间存在着逻辑关系，当一个文件的各个记录之间按照某种次序排列起来时（这种次序可以是按各个记录存入该文件的时间顺序，也可以是按照其关键字的大小等排列的），各个记录之间就自然形成一种线性关系。在这种次序下，文件中每个记录都只有一个直接前驱记录和一个直接后继记录，而文件的第一个记录只有后继记录而无前驱记录，最后一个记录只有前驱记录而无后继记录，因而文件是一种线性结构。

文件的操作主要是检索和维护。

检索：在文件中查找满足给定条件的记录。

维护：对文件进行记录的插入、删除即修改等更新操作。

3．文件的存储结构

文件的存储结构又称物理结构，它是指文件在外存上的组织方式。文件可以有各种各样的组织方式，采用不同的组织方式，其物理结构也随之不同。基本的组织方式有 4 种：顺序组织、链表组织、索引组织、散列组织。对应的文件分别为：顺序文件、索引文件、散列文件和多关键字文件。一个文件采用何种存储结构，需综合考虑各种因素。

10.1.2　顺序文件

顺序文件是指记录按输入的顺序存放且其逻辑顺序与物理顺序一致的文件。顺序文件中的记录若按关键字有序，则称此文件为顺序有序文件，否则称为顺序无序文件。为了提高查找效率，常常将顺序文件组织成有序文件。

顺序文件是根据记录的序号或记录的相对位置进行存取的。因为文件的记录不能像顺序表中的数据那样"移动"，所以不能按内存操作的方法进行插入、删除和修改，而只能通过复制整个文件的方法实现上述更新操作，在文件的末尾插入新记录，这样的复制过程是很费时的。为了减少更新操作的代价，也可采用批量处理的方式来实现对顺序文件的更新。

顺序文件的基本优点是连续存取速度快，因此主要用于只进行顺序存取和批量处理的情况。顺序文件多用于磁带。

10.1.3　索引文件

索引文件的组织方法是在文件（数据文件）本身（又称主文件）之外再建立一个指示逻辑记录和物理记录之间一一对应关系的表——索引表，其中的每一项称为一个索引项，其内容包括记录的主关键字及与之对应的物理地址。索引文件由索引表和数据文件共同构成。

索引文件中的索引项是按主关键字排序的。如果数据文件中的记录也是按主关键字排序，此种索引文件称为索引顺序文件，否则称为索引非顺序文件。

由于索引非顺序文件中，数据文件的记录是无序的，因而必须对文件中的每一个记录都建立一个索引项。这样的索引表很大，因此称为稠密索引。在索引顺序文件中，由于数据文件中的记录已按关键字有序，故不必使每个记录都有索引项，而是把记录分成组，对每一组记录建立一个索引项，因此索引表很小，称这种索引表为稀疏索引。

当记录的数目很多时，索引表也会很大，以至一个页块容纳不下。在这种情况下，单是查找索引表就需要多次访问外存。因次，为了提高查找速度，可以为索引表再建立一个索引，称为查找表。

10.1.4　索引顺序文件

在索引顺序文件中，因为数据文件也是有序的，所以它既适合于直接存取，又适合于顺序存取。另外，索引顺序文件是稀疏索引，故它的索引项的数目较少，占用空间也较少。常用的索引顺序文件有 ISAM 和 VSAM。

1．索引顺序存取方法（ISAM）

ISAM 是一种专为磁盘存取设计的文件组织形式，采用静态索引结构。由于磁盘是由盘组、柱面和磁道构成的三级地址存取设备，所以可对盘上的数据文件建立盘组、柱面和磁道三级索引。

磁道索引：在某个柱面上建立一个磁道索引，每个磁道索引项由两部分组成——

基本索引项和溢出索引项。柱面索引：存放在某个柱面上，若柱面索引较大，占用多个磁道时，可建立柱面索引的索引——主索引。此外，在每个柱面上还开辟有一个溢出区。

溢出区的三种设置方法：

（1）集中存放。整个文件设一个大的单一的溢出区。

（2）分散存放。每个柱面设一个溢出区。

（3）集中与分散相结合。溢出时记录先移至每个柱面各自的溢出区，待满之后再使用公共溢出区。

每个柱面的基本区是顺序存储结构，而溢出区是链表结构。

当插入新记录时，首先找到它应插入的磁道。若该磁道不满，则将新记录插入该磁道的适当位置上即可；若该磁道已满，则新记录或者插在该磁道上，或者直接插入该磁道的溢出链表上。插入后，可能要修改磁道索引中的基本索引项和溢出索引项。

ISAM 文件中删除记录的操作，比插入简单得多，只能找到待删除的记录，在其存储位置上作删除标记即可，而不需要移动记录或改变指针。在经过多次的增删后，文件的结构可能变得很不合理。此时，大量的记录进入溢出区，而基本区中又浪费很多的空间。因此，通常需要周期性地整理 ISAM 文件，把记录读入内存重新排列，复制成一个新的 ISAM 文件，填满基本区而空出溢出区。

磁道索引放在每个柱面的第一磁道上；柱面索引应放在数据文件的中间位置的柱面上。

2．虚拟存储存取方法（VSAM）

VSAM 文件采用 B+树的动态索引结构。基于 B+树的 VSAM 文件通常作为大型索引顺序文件的标准组织形式。

VSAM 文件结构包括 3 个部分，即索引集、顺序集和数据集。文件的记录均存放在数据集中，数据集中的一个结点称为控制区域，它是一个 I/O 操作的基本信息单位，由一组连续的存储单元组成。控制区间的大小可随文件的不同而不同，但同一文件上控制区间的大小相同。每个控制区间含有一个或多个记录数据。顺序集和索引集一起构成一棵 B+树，作为文件的索引部分，可实现顺链查找和从根结点开始的随机查找。

与 ISAM 文件相比，基于 B+树的 VSAM 文件有如下优点：动态地分配和释放存储空间；不需对文件进行重组；能保持较高的查找效率，查找一个后插入记录所用的时间与查找一个原有记录的时间相同。因此，基于 B+树的 VSAM 文件通常被称为大型索引顺序文件的标准组织。

10.1.5　直接存取文件（散列文件）

散列文件是利用哈希法进行组织的文件。它类似于哈希表，即根据文件中关键字的特点设计一种哈希函数值和处理冲突的方法，将记录散列到外存储设备上。这种文件组织方法只适用于像磁盘这样的直接存取设备。

与哈希表不同的是，磁盘上的文件记录通常成组存放，若干个记录组成一个存储单位。在散列文件中，这个存储单位称为"桶"。每个桶有一个物理地址，通过哈希函数取得桶地址。

对散列文件处理溢出时主要采用链地址法。

散列文件的优点是：文件随机存放，记录不必进行排序；插入、删除方便，存取速度快；无须索引区，因而节省存储空间。散列文件的缺点是：不能进行顺序存取，且访问方式也只限于简单询问，另外在经过多次插入、删除后，可能出现文件结构不合理、记录分布不均匀等现象，此时需要重组文件，这个工作是很费时的。

10.1.6 多关键字文件

多关键字文件的特点是，在对文件进行检索操作时，不仅需要对主关键字进行简单询问，还经常需要对次关键字进行其他类型的询问检索。

1．多重表文件

多重表文件的特点是：记录按关键字的顺序构成一个串联文件，并建立主关键字的索引（称为主索引）；对每一个次关键字建立次关键字索引（称为次索引）；所有具有同一次关键字的记录构成一个链表。主索引为非稠密索引，次索引为稠密索引。每个索引项包括次关键字、头指针和链表长度。

多重表文件易于编程，也易于修改。在不要求保持链表的某种次序时，插入一个新记录是容易的，此时可将记录插在链表的头指针之后。但是，要删去一个记录却很烦琐，需在每个次关键字的链表中删去该记录。

2．倒排文件

倒排文件和多重表文件的区别在于倒排文件中具有相同次关键字的记录不进行连接，而是在相应的次关键字索引表的该索引项中，直接列出这些记录的物理地址或记录号。这样的索引表称为倒排表。由数据文件和倒排表共同组成倒排文件。

倒排文件的主要优点是：检索记录较快，在处理复杂的多关键字查询时，可在倒排文件中确定是哪些记录，继而直接读取这些记录。倒排文件的缺点是：维护困难，在同一倒排表中，不同的关键字的记录数不同，各倒排表的长度也不等。

10.2 常见题型及典型题精解

例 10.1 试比较顺序文件、索引顺序文件、索引非顺序文件和散列文件的存储代价、检索以及在插入和删除记录时的优点和缺点。

【例题解答】这些文件的比较如下：

顺序文件只能按顺序查找法存取，按记录的主关键字逐个查找。这种查找法对于少量的检索是不经济，但适合于批量检索。顺序文件的存取优点是速度快。顺序文件不能按顺序表那样的方法进行插入、删除和修改，因为文件中的记录不能像向量空间的数据那样"移动"，而只能通过复制整个文件的方法来实现上述更新操作。

在索引顺序文件中，由于主文件也是有序的，所以它既适合于直接存取，又适合于顺序存取。索引非顺序文件适合于随机存取，这是由于数据文件的记录是未按关键字排序的，若要进行顺序存取将会频繁地引起磁头移动，因此索引非顺序文件不适合于顺序存取。另一方面，索引顺序文件是稀疏索引，而索引非顺序文件的索引是稠密索引，故前者的索引减少了索引项的数目，虽然它不能进行"预查找"，但由于索引占用空间较少，管理要求低，因而提高了索引表的查找速度。因此，索引顺序文件是最常用的一种文件组织。

散列文件也称为直接存取文件，利用哈希法进行组织的文件。它类似于哈希表，根据文件中关键字的哈希函数值和处理冲突的方法，将记录散列到外存储设备上。这种文件组织方法只适用于像磁盘这样的直接存取设备。散列文件的优点是：文件随机存放，记录不必进行排序；插入、删除方便，存取速度快；无须索引区，因而节省存储空间。散列文件的缺点是：不能进行顺序存取，且访问方式也只限于简单询问，另外在经过多次插入、删除后，可能出现文件结构不合理、记录分布不均匀等现象，此时需要重组文件，这个过程很费时。

例 10.2　设有一个职工文件，每个记录有如下格式：

职工号、姓名、职称、性别、工资

其中，"职工号"为主关键字，其他为次关键字，如表 10.1 所示。试用下列结构组织这个文件：

（1）建立该无序文件的索引。

（2）多重表文件。

（3）倒排文件。

表 10.1　职工文件

记　录	职工号	姓　名	职　称	性　别	工　资
1	29	时进	教授	男	5 600
2	05	张青竹	副教授	女	5 400
3	02	刘玉梅	副教授	女	5 325
4	38	林强	讲师	男	4 500
5	31	张敏	助教	女	3 800
6	43	孙洁	讲师	女	3 650
7	17	李明	教授	男	5 800
8	46	赵平	助教	男	3 600

【例题解答】

（1）索引无序文件如图 10.1 所示。

关键字	记录
02	3
05	2
17	7
29	1

记录	职工号	姓名	职称	性别	工资
1	29	时进	教授	男	5 600
2	05	张青竹	副教授	女	5 400
3	02	刘玉梅	副教授	女	5 325
4	38	林强	讲师	男	4 500

图 10.1　索引无序文件结构

关键字	记录
31	5
38	4
43	6
46	8

记录	职工号	姓名	职称	性别	工资
5	31	张敏	助教	女	3 800
6	43	孙洁	讲师	女	3 650
7	17	李明	教授	男	5 800
8	46	赵平	助教	男	3 600

图 10.1　索引无序文件结构（续）

（2）多重表文件如图 10.2 所示。

记录	职工号	姓名	职称	指针	性别	指针	工资
1	29	时进	教授	^	男	^	5 600
2	05	张青竹	副教授	^	女	1	5 400
3	02	刘玉梅	副教授	2	女	^	5 325
4	38	林强	讲师	^	男	2	4 500
5	31	张敏	助教	^	女	4	3 800
6	43	孙洁	讲师	4	女	5	3 650
7	17	李明	教授	1	男	3	5 800
8	46	赵平	助教	5	男	7	3 600

数据文件

次关键字	长度	头指针
教授	2	1
副教授	2	2
讲师	2	4
助教	2	5

职称索引

次关键字	长度	头指针
男	5	1
女	3	3

性别索引

图 10.2　多重表文件结构

（3）倒排文件如图 10.3 所示。

记录	职工号	姓名	职称	性别	工资
1	29	时进	教授	男	5 600
2	05	张青竹	副教授	女	5 400
3	02	刘玉梅	副教授	女	5 325
4	38	林强	讲师	男	4 500
5	31	张敏	助教	女	3 800
6	43	孙洁	讲师	女	3 650
7	17	李明	教授	男	5 800
8	46	赵平	助教	男	3 600

数据文件

次关键字	头指针
教授	1，7
副教授	2，3
讲师	4，6
助教	5，8

职称索引

次关键字	头指针
男	1
女	3

性别索引

图 10.3　倒排文件结构

例 10.3　假设某文件有 21 个记录，其记录关键字为{7,23,1,18,4,24,56,184,27,63,35, 109,15,26,83,215,19,8,16,33,75}。构造一个散列文件，桶的大小 *m*=3，期望对文件进行一次查询时，读取外存数的平均值不超过 1.5。试问该文件应该有多大？用除余法作为散列函数，请设计此函数并画出构造好的散列文件。

【例题解答】已知记录个数 $n=21$，桶容量 $m=3$，存取桶数的期望值（即拉链法成功查找长度）$a=1.5$。因为 $a=1+\alpha/2$，所以 $\alpha=1$。

又因为 $\alpha=n/(b \times m)$（$b \times m$ 为总长度），所以 $b=n/(\alpha \times m)=7$。

可知本文件应有 7 个桶。

散列函数用 $H(\text{key})=\text{key}\%7$，用此函数算出各个记录桶号后构成的散列文件如图 10.4 所示。

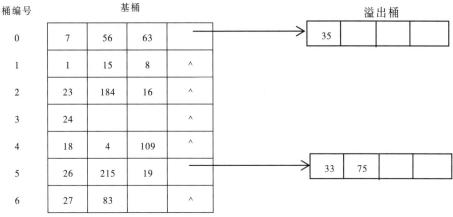

图 10.4　散列文件

◎ 10.3 学习效果测试

1．单项选择题

（1）磁盘存储器是（ ）设备。

    A．顺序存取　　　　B．直接存取　　　C．输入　　　　　　D．输出

（2）顺序文件适宜于（ ）。

    A．直接存取　　　　B．成批处理　　　C．按关键字存取　　D．随机存取

（3）影响文件检索效率的一个重要因素是（ ）。

    A．逻辑记录的大小　　　　　　　　B．物理记录的大小

    C．访问外存的次数　　　　　　　　D．设备的读/写速度

（4）对于一个索引非顺序文件,索引表中的每个索引项对应数据文件中的( )。

    A．一条记录　　　　　　　　　　　B．多条记录

    C．所有记录　　　　　　　　　　　D．三条以下记录

（5）索引无序文件是指（ ）。

    A．数据文件无序，索引表有序　　　B．数据文件有序，索引表无序

    C．数据文件有序，索引表有序　　　D．数据文件无序，索引表无序

（6）直接存取文件的特点是（ ）。

    A．记录按关键字排序

    B．记录可以进行顺序存取

    C．存取速度快，但占用较多的存储空间

D. 记录不需要排序，存取效率高

（7）假定数据文件中有 120 条有序记录，每 6 条记录对应建立一个索引项，则由索引项构成的索引表的大小为（　　　　）。

  A. 6   B. 10   C. 20   D. 40

（8）ISAM 文件包含有（　　　　）级索引表。

  A. 4   B. 3   C. 2   D. 1

（9）对 ISAM 文件进行删除记录的操作时一般（　　　　）。

  A. 只需做删除标记   B. 需移动记录

  C. 需改变指针   D. 需要从物理上删除

（10）在 ISAM 文件中的柱面索引是对（　　　　）所建立的索引。

  A. 磁道索引   B. 主索引   C. 数据文件   D. 扇区索引

（11）对 VSAM 文件不适合进行（　　　　）。

  A. 顺序存取   B. 按关键字存取

  C. 按记录号存取   D. 从根结点访问

（12）在一棵 m 阶的 B$^+$ 树上，若一个结点含有 k 个关键字，则它同时含有（　　　　）棵子树。

  A. k B. $k+1$ C. $k-1$ D. $2k$

（13）假定有 126 个记录需要存储到一个散列文件中，每个桶能够存储 5 个记录，若散列函数为 $H(K)=K\%13$，则每个散列地址所对应的单链表的平均长度至少为（　　　　）。

  A. 1   B. 2   C. 3   D. 4

（14）在多重表文件中，通常包含有（　　　　）索引表。

  A. 一个   B. 多个   C. 两个   D. 一个或两个

（15）在倒排文件中，通常包含有（　　　　）倒排表。

  A. 一个   B. 多个   C. 两个   D. 一个或两个

（16）在多关键字文件中，每个索引表通常都是（　　　　）。

  A. 按记录号建立索引   B. 按记录位置建立索引

  C. 稀疏索引   D. 稠密索引

2．填空题

（1）对文件的检索有＿＿＿＿＿、＿＿＿＿＿和＿＿＿＿＿检索三种方式。

（2）向一个无序文件插入记录时，是把它插入到文件的＿＿＿＿＿位置。

（3）磁带存储器只适合保存按＿＿＿＿＿方式访问的文件。

（4）磁盘存储器即适合保存按＿＿＿＿＿方式访问的文件，也适合保存按＿＿＿＿＿方式访问的文件。

（5）以顺序方式访问文件时，假定当前访问的是记录号为 k 的记录，则下一个要访问的记录号为＿＿＿＿＿的记录。

（6）一个索引文件中的索引表都是按＿＿＿＿＿有序的。

（7）若数据文件无序，则只能建立＿＿＿＿＿索引；若数据文件有序，则既能建立

_____索引，也能建立_____索引。

（8）索引文件的检索分成两步完成：第一步是_____；第二步是_____。

（9）从 ISAM 文件中删除记录时，只是在该记录位置加上_____标记，不进行物理删除。

（10）VSAM 文件的索引是一棵_____树。

（11）直接存取文件是用_____方法组织的。

（12）散列文件中的每个桶能够存储_____个同义词记录。

（13）假定散列文件中的每个能够最多存储 5 个记录，若采用 $H(K)=K\%11$ 计算散列地址，则存储 50 个记录最少需要_____个桶，最多需要_____个桶。

（14）在多重表文件中，每个索引表通常都是_____。

（15）在每个倒排文件中，主属性为数据文件中相应的次关键字，非主属性为数据文件中的_____。

3．简答题

（1）在物理记录与逻辑记录之间可能存在几种关系？

（2）常用的文件组织方式有哪几种，各有何特点？

（3）已知职工文件中包括职工号、姓名、职务和职称 4 个数据项（见表 10.2）。职务有校长、院长、教研室主任和教师：校长领导所有的院长，院长领导他所在院的所有教研室主任，教研室主任领导他所在教研室的全体教师；职称有教授、副教授和讲师 3 种。请在职工文件的数据结构中设置若干指针项和索引，以满足下列两种查找的需要：

① 能够检索出全体职工间领导与被领导的情况。

② 能够分别检索出全体教授、全体副教授和全体讲师。

要求指针数量尽可能少，给出各指针项索引的名称及含义即可。

表 10.2 职工文件

职 工 号	姓 名	职 务	职 称
001	时进	教师	讲师
002	张青竹	院长	教授
003	刘玉眉	校长	教授
004	林强	教研室主任	副教授
005	洪欣	院长	教授
006	孙瑞	教师	教授
007	王平	院长	教授
008	李明	教师	讲师
009	赵广才	教研室主任	教授
110	吴佳怡	教师	副教授

（4）凡在图书馆办了借书卡的读者均可借阅五本书，期限为一个月，需要用计算机来管理借、还书的工作。这个系统除了能正确完成日常的借、还书的工作外，还需

要帮助管理员进行一些查询工作。例如：有些读者急需借阅某个作者的一本书，但此书被另一个所借走，需要查一下是谁借走的。又如：有的读者丢失了借书卡，还书时查询他所借书的记录。再如：为了使图书流通，管理员每天需给所有到期而未还书的读者寄催还书的通知单。请为该系统设计一个数据文件（包括记录的格式及其在磁盘上的组织方式），并说明该系统功能如何实现（不写算法）。

📚 10.4 上机实验题及参考代码

实验题 实现学生记录文件的基本操作。

有若干个学生成绩记录如表 10.3 所示，假设它们存放在 st 数组中，设计一个程序完成如下功能：

（1）将 st 数组中学生记录写入到 stud.dat 文件中；

（2）将 stud.dat 文件中的所有学生记录读入到 st 数组中；

（3）显示 st 数组中的所有学生记录；

（4）将 st 数组的学生记录复制到 st1 数组中，并对 st1 数组的多有学生记录求平均分。

表 10.3 学生成绩表

学　　号	姓　　名	年　　龄	性　　别	语 文 分	数 学 分	英 语 分
1	陈华	20	男	78	90	84
2	张明	21	男	78	68	92
3	王英	20	女	86	81	86
4	刘丽	21	女	78	92	88
5	许可	20	男	80	83	78
6	陈军	20	男	78	88	82
7	马胜	21	男	56	67	75
8	曾强	20	男	79	89	82

对应的程序代码如下：

```
#include <stdio.h>
#include <string.h>
#define N 10                          //最多学生人数
typedef struct
{ int no;                             //学号
  char name[10];                      //姓名
  int age;                            //年龄
  char sex[2];                        //性别
  int deg1,deg2,deg3;                 //课程1~课程3成绩
} StudType;
typedef struct
{ int no;                             //学号
  char name[10];                      //姓名
  int age;                            //年龄
  char sex[2];                        //性别
```

```
      int deg1,deg2,deg3;                //课程1~课程3成绩
      double avg;                        //平均分
  } StudType1;
void WriteFile(StudType st[],int n)
{ int i;
   FILE *fp;
   if((fp=fopen("stud.dat","wb"))==NULL)
   { printf("\t提示: 不能创建 stud.dat 文件\n");
     return;
   }
   for(i=0;i<n;i++)
     Fwrite(&st[i],1,sizeof(StudType),fp);
   fclose(fp);
   printf("\t提示: 文件 stud.dat 创建完毕\n");
}
void WriteFile1(StudType st1[],int n)
//将 st1 数组中的学生记录写入 stud1.dat 文件
{ int i;
   FILE *fp;
   if((fp=fopen("stud1.dat","wb"))==NULL)
   { printf("\t提示: 不能创建 stud1.dat 文件\n");
     return;
   }
   for(i=0;i<n;i++)
     Fwrite(&st1[i],1,sizeof(StudType),fp);
   fclose(fp);
   printf("\t提示: 文件 stud1.dat 创建完毕\n");
}
void ReadFile(StudType st[],int &n)
//将 stud.dat 文件中的 n 个学生记录读入 st 数组中
{ FILE *fp;
   if((fp=fopen("stud.dat","rb"))==NULL)
   { printf("\t提示: 不能打开 stud .dat 文件\n");
     return;
   }
   n=0;
   while(fread(&st[n],sizeof(StudType),1,fp)==1)
     n++;
   printf("\t提示: 文件 stud.dat 读取完毕\n");
}
void ReadFile1(StudType st1[],int &n)
//将 stud1.dat 文件中的 n 个学生记录读入 st1 数组中
{ FILE *fp;
   if((fp=fopen("stud1.dat","rb"))==NULL)
   { printf("\t提示: 不能打开 stud1.dat 文件\n");
     return;
   }
   n=0;
   while(fread(&st1[n],sizeof(StudType),1,fp)==1)
     n++;
   printf("\t提示: 文件 stud1.dat 读取完毕\n");
}
void Display(StudType st[],int n)                //显示学生记录
```

```
{ int i;
  printf("----------------学生成绩表-------------\n");
  printf(" 学号   姓名   年龄   性别   语文   数学   英语\n");
  for(i=0;i<n;i++)
    printf("%5d%10s%6d%5s%5d%5d\n",st[i].no,st[i].name,st[i].age,
    st[i].sex,st[i].deg1,st[i].deg2,st[i].deg3);
  printf("\n");
}
void Display1(StudType st1[],int n)    //显示求平均分后的学生记录
{ int i;
  printf("----------------排序后学生成绩表-------------\n");
  printf(" 学号   姓名   年龄   性别   语文   数学   英语\n");
  for(i=0;i<n;i++)
    printf("%5d%10s%6d%5s%5d%5d%6.1f\n",st1[i].no,st1[i].name,st1[i].
    age,st1[i].sex,st1[i].deg1,st1[i].deg2,st1i].deg3,st1[i].avg);
  printf("\n");
}
void  Average(StudType st[],StudType st1[],int n)       //求平均分
{ int i;
  for(i=0;i<n;i++)
  { st1[i].no=st[i].no;
    strcpy(st1[i].name,st[i].name);
    st1[i].age=st[i].age;
    strcpy(st1[i].sex,st[i].sex);
    st1[i].deg1=st[i].deg1;
    st1[i].deg2=st[i].deg2;
    st1[i].deg3=st[i].deg3;
    st1[i].avg=(st1[i].deg1+st1[i].deg2+st1[i].deg3)/3.0;
  }
}
void main()
{ int n=8;                       //实际学生人数
  StudType st[]={1,"陈华",20,"男",78,90,84},
  {5,"张明",21,"男",78,68,92},
  {8,"王英",20,"女",86,81,86},
  {3,"刘丽",21,"女",78,92,88},
  {2,"许可",20,"男",80,83,78},
  {4,"陈军",20,"男",78,88,82},
  {7,"马胜",21,"男",56,67,75},
  {6,"曾强",20,"男",78,89,82}};
  StudType1 st1[N];
  printf("操作过程如下:\n");
  printf("(1)将 st 数组中学生记录写入 stud.dat 文件中\n");
  WriteFile(st,n);
  printf("(2)将 stud.dat 文件中的所有学生记录读入 st 数组中\n");
  ReadFile(st,n);
  printf("(3)显示 st 数组中的所有学生记录\n");
  DisPlay(st,n);
  printf("(4)将 st 数组的学生记录复制到 st1 数组中,并对 st1 数组的多有学生记录
  求平均分\n");
  Average(st,st1,n);
}
```